島耕作農業論

弘兼憲史
KENSHI HIROKANE

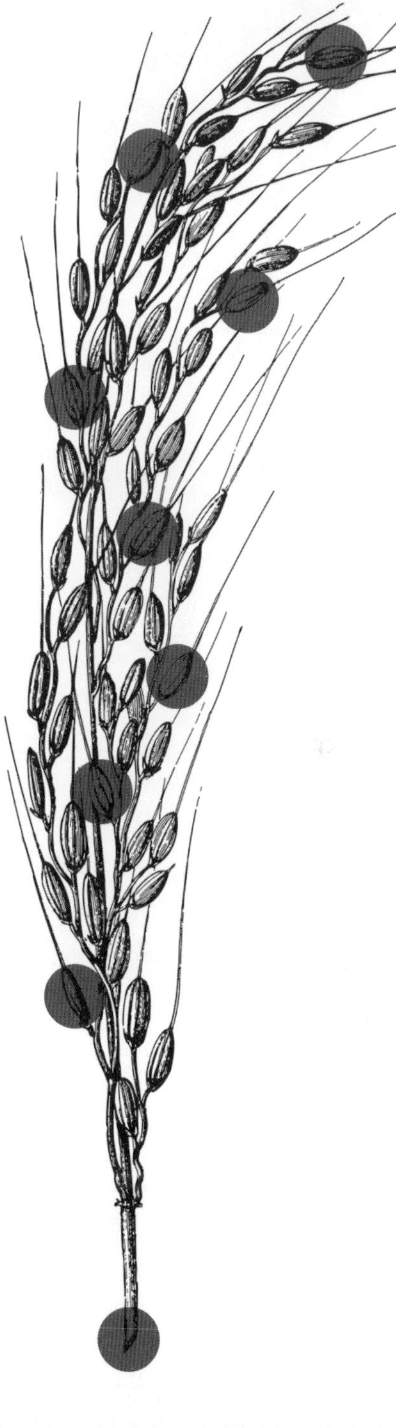

譯者　一級嘴砲技術士

目次

推薦序

走下神壇的農業

劉志偉／文青別鬼扯

《島耕作農業論》是對現今日本農業困境的反思。體察島耕作對日本農業的反思時，我們才驚覺，台灣農業與日本農業存在著驚人的相似性。半個世紀以來，日本持續在錯誤的道路上邁進時，台灣則亦步亦趨，從未反思，更從未反悔。

日本農業最大的問題在於，耕地的零碎化與從一九六〇年代起實施的社福式稻米收購政策。耕地的零碎化導致農家經營面積過小，難以發揮規模經濟的效益。不過，對執政當局而言，「日本的農業被當作一群選票」。當他們試圖保護、掌控所謂的「小農」時，其實也阻礙了土地整併、擴大經營面積的可能性。此外，隨著經濟成長與都會區域範圍的擴大，諸多農地隨時都可能因都市計劃更新而出現價格一飛沖天的狀況。因此，農民更不願意釋出農地祖產，農地也越來越像是投機性的耐久財。

另一方面，日本稻米收購價格的制定是以都市勞工階級的薪資水準為計算基準。假如勞工平均薪資是S元，而每戶農家稻米的生產量是N公斤，政府的稻米收購價格就是每公斤S／N元。這樣的計算概念雖然有提高農家收益的效果，但卻與稻米的實際價值脫鉤，日本也因此成為全球米價最高的國家。

當農地難以整併，零碎化導致經營成本過高，加上國家干預導致最重要的稻米價格被扭曲，日本農業就逐漸走向衰退的道路。儘管農業人口減少是全球共同的趨勢，但在歐美，特別是荷蘭等農業強國，農業產值並未因此衰退。在日本，農村人口嚴重外移，農地廢耕，許多農村已出現滅村的狀況，顯然是普遍的困境。

有趣的是，隨著農業愈加頹圮，社會輿論高喊農業具有「特殊性」的呼聲則越來越強烈。如同島耕作所言，農林水產省、農協與農林派議員，共同形成了共謀農業財政預算的鐵三角。彼此互相吹噓農業的特殊性與重要性，要求政府給予更多的補貼。而補貼就如同嗎啡，上了癮之後，用量只會增加，不會減少。原本就已衰弱的農業體質，只會持續墮落至病入膏肓。

日本如此，台灣也毫無二致。同樣在農地零碎化的狀況下，農委會每年度的預算中，有高達將近八成用於農業補貼。與此同時，許多人則高喊農業的特殊性，強調農業有「生活」與「生態」的功能，農業剎那間變成道德議題，變成生活風格問題，變成教導小學生感恩惜福的課題。而農業最基本的「生產」面向，卻被輿論徹底遺忘。

對於日本農業的困境，島耕作提出的解方是：不要再將農業「特殊化」。當我們將農業當成特殊的產業與領域時，國家就必須投入大量的補貼。但是，

「若是用政策去保護那些經營不善的非專業農家，這種行為根本是在浪費納稅人的辛苦稅金。」只有當我們將農業當成與其他行業毫無二致的產業時，農業領域內的經營行為才會追求經濟理性的原則。當我們卸下農民所背負的神聖道德使命時，農民身分本身才不具備任何特殊性，農民才更能夠發揮自身的潛能，找尋出路。

台灣農業何嘗不是如此？農民被賦予了太多的道德意涵，而農業身分又與許多補貼綁在一起，再加上台灣高昂的農地價格，如今務農似乎越來越像是「農二代」才有辦法玩的遊戲。而道德身分則又成為許多不具專業之農民要求政府補貼的護身符。

解救農業困境，其實只要將其請下神壇即可，而不是將農業推向更高的神壇！

譯者序

我們需要什麼樣的農業入門書？

有人說，要了解一個國家的民情，可以觀察一般的超市和書店。在日本的書店裡，不論是專業技術、國際市場的分析，或是教你挑菜、冰儲、認識作物等入門書籍，我們很容易就可以找到各類的農業書籍。但在台灣就不是這樣。台灣號稱農為國本、以農立國，但在書架上卻少見農業入門書。

為什麼台灣沒有合適的農業入門書？這是我在二〇一〇年漂鳥歸農時的感觸。直到二〇一六年，我在東京的書店裡翻到《島耕作農業論》這本書，書中提到許多台灣農業先進曾討論的東西，不論是農地的集約利用，或單位面積產能所提升的高效率化生產，「這才像是農業從業人員該講的話。」這是我對這本書的第一印象。

決定出版這本書之後，向日方購買中文版權的過程相當耗時。《島耕作農業論》的翻譯並不像在媒體上寫專欄那樣簡單，而且出版的過程中有許多環節要打通，今年這本書終於要出版了，對於像我這種農業從業人員而非專業作者的人來說，真是相當不容易的事。

《島耕作農業論》日文書的第一章〈新浪剛史╳弘兼憲史的農業立國宣言〉，記錄作者弘兼憲史與日本知名超商LAWSON社長新浪剛史的對談，兩人從企業經營的角度來看日本農業的發展。為了食品原物料的充分供應，LAWSON籌組自己的農場，由財團經營農業。新浪剛史在對談中提及國際趨勢、日本失敗的農業政策該如何轉變、建立並調整商社與農民之間的協作關係如「植物工廠」和「農業生產法人」、加強農育以培養更多對農業有興趣的人……。他特別推舉荷蘭最耀眼的產學合一「食谷」，就像是美國的「矽谷」，以瓦罕寧恩大學為中心，匯集了一千五百間食品、農業等企業和研究所，來自世界各地的專家一起在這裡共事，世界的發展趨勢就是如此，因此日本的農業應該朝土地集約、高效率的農業生產模式而努力。農業要發展一要能獲利，唯有合理的報酬和回饋才能刺激產業的進步。《島耕作農業論》的基礎就是建立在這場對談上，可惜此章內容的版權並非原出版社獨有，經版權洽談後，日方商社因其他考量而未授權原書第一章，故在此簡短介紹。

作者弘兼憲史出身農家，在小時候與年輕時曾參與農務實作，後來在《島耕作》系列漫畫開始跨入農業領域。他在本書中銜接漫畫原作，以財經與企業管理觀點回顧近代日本農業的發展，日本的農地原本是大地主制度，二戰之後盟軍司令部以農地解放為由，將土地拆分給佃農，在當時看似德政的措施，後來卻緊緊框住日本的農業發展。農地的零碎化造成整合困難，零散的規模無法發展出高效率的農業生產，農民的收入也因此無法有效提升。此舉造成日後政府必須不斷地投入高額的補貼，長久下來導致農業無法健全成長。

說到農業的成長，韓國是東亞國家中最早完成農業升級的國家。韓國從二〇〇八年開始有計劃地引入荷蘭技師和設備，籌建先端的溫室群落，大規模生產彩色甜椒並外銷日本，在短時間內就奪下了日本九成的市佔率。二〇一三年，日本在安倍首相上台後開始推動土地與資本的集約，在全國各地劃分多個「國家戰略特區」，試著鬆綁法規讓外界資金挹注農業，也區劃了十個「次世代設施園藝專區」，開始導入荷蘭式的環控溫室和設備，日本人至此發現，唯有提升自己的實力，才可能在未來的競爭中存活下來。

弘兼憲史為了更了解荷蘭而前往世界頂尖的農業學府——荷蘭的瓦罕寧恩大學，我相信他在那裡受到不小的震撼，去過的台灣朋友也一定有同樣的感受。荷蘭雖是平原國家，但大都位於海平面以下，土壤鹽化長年不利耕作，然而荷蘭憑藉著科技的輔助，讓荷蘭的農業出口產值僅次於美國，成為世界第二大的農業出口國。日本屬於多山的國家，平原地區的利用相當受限，荷蘭的經驗是否能帶入日本，這是原作者相當在意的地方。

《島耕作農業論》並不限於農業生產，還引了兩個相當經典的案例：知名的國宴清酒「獺祭」和近畿大學的「全人工養殖黑鮪魚」。台灣人對於「獺祭」應該不陌生，素雅、高質感、平易的價格，就連不喝酒的我都因為看了這本書而去買了兩瓶回台灣。清酒的原料是米，不同於食用米，是使用特有的釀酒用米。我認為這個案例值得台灣參考，因為台灣和日本都面臨稻米過剩的問題，或許釀酒用米是稻米產業的新機會。

黑鮪魚是相當昂貴的食材，但是海中的鮪魚數量逐年遞減，世界各國也嚴格限制每年的捕撈量，因此全人工養殖的黑鮪魚成為相當珍貴的技術，這也是近畿大學的招牌與驕傲。在日本，近畿大學等同於養殖黑鮪魚的代名詞。這項技術從一九七〇年開始，歷經漫長的三十二年，在二〇〇二年才趨於成熟。漫長的三十二年，執著和熱忱已不足形容這項壯舉，如果要用一句話來形容，這一定是「真愛」。

《島耕作農業論》在最後章節還留了一手，弘兼憲史記錄了他與久松達央的對談。久松達央在日本是非常有名的有機農場經營者，畢業於名門院校——慶應義塾大學經濟系，在工業界待了一陣子後回到老家茨城創設「久松農園」，開始生產有機蔬菜。我對久松印象最深刻的地方，就是從事有機農業的他卻跳出來打破民間對於有機蔬果的迷信與神話，有機不代表美味，有機不代表安全，久松認為所有的農產品都要回歸品質與鮮度，才是農業永續經營的真理。此外，久松認為農業的集約化無可避免，因此提出了「小而精實的農業」的論點，並以自家的久松農園為案例：小型的農場也能以「新鮮」、「多樣化」的特性來和大型農戶競爭。一本書中要收納諸多業界案例，又能各自提出不同的見解，我想這就是《島耕作》的實力吧。

台灣與日本的農業發展模式相當類似，台灣的農業在國內經濟不佳及國際競爭日趨激烈的夾殺下，大多數的農業從業人員都過得很辛苦。不論是ＦＴＡ或ＣＰＴＰＰ，未來台灣的農業勢必面臨更強大的跨國競爭，我們該如何應對和調整？不論是產業的升級或體質的健全化，未來還有許多難關等著台灣農業界去克服。我能做的，就是以「一級嘴砲技術士」的專欄，持續將國外的好東西帶回台灣，提供好朋友們更多有樣有趣又有料的訊息。希望大家會喜歡《島耕作農業論》。

作者序

島耕作終於成為會長了。

我的《島耕作》系列漫畫，從課長開始一路晉升到部長、取締役（董事）、常務、專務、社長，到了二〇一三年漫畫週刊《モーニング》（*Morning*，講談社）開始連載新的故事時，島耕作已經爬升到公司的頂點。

然後，《會長島耕作》的開端是以農業為主題。

許多讀者會感到意外，明明島耕作是電機製造業起家，為什麼會和農業扯上關聯呢？

其實這是時勢所趨。或許很多人已經知道了，島耕作的公司「初芝電器」的架構就是由我的公司「松下電器」而來。

一九七〇年我從大學畢業，那個時候正是日本經濟成長的最高峰，電機、汽車製造業都被視為錢途無限的行業。

之所以選擇進入松下電器，除了對電機有興趣之外，我自己也想從事推廣業務的工作。當時的松下電器，投注心力於推廣、公關業務方面，是全日本前三大企業之一。

因此，《島耕作》便是從初芝電器的宣傳部（推廣部）為起點。

印象中，當年的松下電器如日中天，法人的獲益連續兩年蟬聯日本第一。當時，隨著企業成長，職員薪資也跟著翻倍。第一年到職時的薪資是每個月四萬一千日圓，第二年就調到八萬日圓，幾乎是翻了一倍。我還記得，第三年的薪資已經變成十一萬二千五百日圓。

短短三年的時間，職員的薪水所得就成長了三倍。

我在松下電器只有短短幾年的時間，可以說《島耕作》系列漫畫是根據取材內容而虛構出來的故事。因此，故事中島耕作從宣傳部的員工開始，隨著時代的腳步轉換身分，活躍於各個產業和不同的國家。

從家電業開始，轉到了音響、葡萄酒產業。從日本到中國，後來又到了巴西。我會挑選這兩個地方，其實與島耕作在故事中晉升太快有關。

取締役（董事）的真實生活是從早上開會開到晚上，傍晚若不是在各宴會場合，就是在銀座的俱樂部裡，接著被司機載回家睡覺。就漫畫的情節來說，是非常無趣的生活。

為了讓身為領導階層的島有奔走於現場的場面，我必須安排派任到國外的情節。

另外，當島耕作從社長被升任會長的時候，我也思考了企業對於國家的責任。達到了一定的規模，企業所要承擔的責任也愈加繁重。

對於製造業來說，周邊的協作企業非常多，有子公司、孫公司、下游廠商等。經營者也必須把這些人的生計擔在肩上。

當然，企業若有盈餘，就必須對國家繳納稅金。稅金如同國家的血液，倘若未挹注新血，國家的反應將會變得遲鈍，甚至死亡。身為頂尖的大企業，除了公司的事務，也必須顧慮整體的日本經濟。

告訴我這些道理的是我的老朋友新浪剛史。當時，新浪先生是便利超商LAWSON集團的取締役社長兼執行長。然後，他在二〇一三年一月開始擔任日本經濟再生本部「產業競爭力會議」的民間議員。

產業競爭力會議開始於二〇一三年，這是內閣總理大臣擔任議長、副總理、經濟再生擔當大臣兼內閣府特命擔當大臣、內閣官房長官、經濟產業大臣皆與會的會議。新浪先生在裡面為農業出力。

從以前開始我就關注著農業問題和糧食自給率，《會長島耕作》的主題從農業出發，最大的原因就是遇見了新浪先生。

農業是日本的下一個產業，我閃過了這個念頭。

島耕作升任會長之後，除了財經界的活動之外，也思索著農業問題的出路，我在漫畫中這麼設定。

附帶一提，在《會長島耕作》開始連載後，新浪先生在二〇一四年五月接任了會長一職。而且，他還擔任不同領域的三得利控股的代表取締役社長，這件事簡直像小說一樣。

平成二十七年五月

第一章
讓農業 Made In Japan！
——打破「神聖領域」的大分縣

老家「岩國」的回顧

把農田剷平後，在上方興建工廠，日本近代史正是一部農業逐漸消失的歷史。我們應該或多或少都能感受到。

我出生於山口縣岩國市，也在那裡長大。岩國市位於山口縣的東部，與廣島縣相隔著小瀨川，岩國市區有錦川，上面有一座橫跨河面的木造拱橋——錦帶橋，這座橋相當有名。

二戰之前，岩國與鄰近的廣島、吳、江田島都是軍事都市，岩國設有日本陸軍燃料廠、海軍潛水艇訓練基地、海軍岩國航空隊等軍用基地。戰後，舊日本海軍的機場由美軍接管，成為駐日美軍的基地。

我父親的老家原本是錦川上游地區的地主，雖然將土地分租給許多佃農耕作，但因為戰後的日本推行農地改革，而失去了平原區的農地。不過農地改革不包含山林地區的農地，因此父親的老家在山上還留有一點土地。

在我小的時候，老家周邊是以蓮藕為主的菜農，我還記得當時從事農業的人家很多。現在回想起來，其實那些菜農並不是「專業」農民，應該稱為「兼業」農民，他們平常上班，有空時才到田裡工作。

在我國小的時候，也可能是國中時，記得社會科的老師曾說過這麼一段話：「日本是一個以加工貿易為主的國家。日本的國土狹長，鐵礦等天然資源非常缺乏，日本可以從國外進口原料，製成工業產品後再外銷出去。」

隨著時代的變遷，出口國外的物品也不一樣了。

戰後的日本是以輕工業、雜貨商品的外銷為主，但到了一九六〇年代，鋼鐵、船舶等重工業發達，外銷品項轉為以「重、厚、長、大」類的重工業產品為主。

從一九七〇年到一九八〇年代，電子、家電、運輸機械、精密機械等，這些需要加工組裝的商品的外銷撐起了日本的經濟。例如 Toyota、Nissan 等汽車製造商，或 Sony、松下電器等電機產業大廠。

翻開日本史，我們可以發現進口原料後製作成產品再外銷，這種加工貿易的模式並不久遠。

近代日本的架構是在十九世紀後半明治維新開始之後才定型。

一八五三年，馬修・培里率領美國海軍東印度艦隊的四艘船艦抵達日本，其中包含了兩艘蒸汽船。

長年鎖國的日本與美國等列強的國力有明顯的差距。江戶的德川幕府與美國簽訂了《日美和親條約》不平等條約，而導致了「攘夷運動」，反抗歐美列強在日本經濟、軍事的擴張，也與「尊皇」的言論產生連結，最終演變為「倒幕」革命。在這樣的背景下成立的明治政府，第一件事就是拉近與歐美列強之間的差距，傾注全國之力超英趕美，是明治政府的首重要務。

打著「富國強兵，殖產興業」[1]的旗幟，明治政府開始主導現代產業的育成。其中最具代表性的，莫過於「富岡製糸場」（富岡紡紗廠[2]）等公營示範工廠的設立，此後日本在政府力推之下興起了一波產業革命。在此時局下，「作為一個國家，該如何看待農業呢？」這樣的問題幾乎不曾出現。

農業就這樣被迫接受這個急遽近代化的布局。

漫畫家與農業的距離

農業，也就是食物，形塑了你我的身形，是我們維持生命的基礎。像我們這樣的漫畫家可不能把身體搞壞，而錯過了截稿時間。不只是漫畫家，許多開店的自營業者也一樣，要非常注重飲食。然而，你在我身上看不到這樣的現象。

不久之前，我寫了一篇關於「育MEN」（熱中在家帶小孩的男性）的文章，曾經引起熱烈的討論。

「最近，男性上班族在家帶小孩這件事又成了熱門話題。但現實的情況是，出門上班的人不一定喜歡待在家裡，而帶給家人幸福的好爸爸一定無法出人頭地，這就是目前的社會氛圍。

在職場上出人頭地，又能兼顧家庭，小朋友的運動會也能夠全程陪伴，聽起來當然很棒，但實際上卻難以做到。

站在上司的角度來看，今天遇到了突發狀況而急需部屬留下來開會，但部屬回答：『不好意思，今天是我們家小朋友的生日，我必須回家。』我若是他的上司，一定會把他從工作排除在外吧。

即使是家裡小朋友過生日，一旦公司有突發狀況，既然領了薪水，也應該把公司的事情擺在最優先吧？即使是小朋友的生日或小朋友學校的運動會，也不應該推辭公司的會議，上司都希望部屬是這種觀念。

就像我小時候，我老爸從來沒出席過學校的運動會，但我一點都不會為這件事感到傷心。（笑）老媽每次對老爸說：『運動會記得要來！』『別人家的爸爸都有來，為什麼只有你沒來？』其實她自己也知道是在唸心酸的。

真正的問題是，不少在家帶小孩的爸爸們總是批判著那些不帶小孩、投身工作的爸爸們，說得似乎他們本來就該被責備一樣。實際上，到底哪一方才是正確的，我想這種事情並不是非黑即白，可以一刀切乾淨的事情。」

（*SAPIO*雜誌，二〇一五年二月號，小學館）

原文中有一段這樣的文字：「正是因為這種工作狂般的工作型態，才會造就今天這樣的高齡少子化社會。」這段話在網路上引發眾人的議論。

原文的重點是在最後一段話，在家帶小孩的男性，也就是「育MEN」這件事本來就沒有誰對誰錯之分別，但似乎被大家跳過，並不在討論範圍之內。

我並不是想自己褒自己是「育MEN」，但我認為男性下廚或做家事是很正常的事，況且做家事是一件非常快樂的事情。

漫畫這項工作是一群人共同完成的集體工作，漫畫家先以素描呈現構圖和草稿，再交由助手繪製完成漫畫原稿。我的工作室一直有助手進駐，我必須考慮他們三餐要吃些什麼，這就是我轉換心情的最佳方式。

也因為這樣，早在《會長島耕作》以農業作為題材之前，我便對食材的好與壞非常感興趣。

我在二十多歲的時候曾經與農業有近距離的接觸。在二十七歲那年以漫畫家的身分出道，但並沒有馬上拿到長篇連載的合約，只有零星的一次性短篇漫畫。正因為如此，空閒的時間非常多。

不過在年輕時即使沒有工作也不會感到害怕。由於我想過著晴耕雨讀的生活，也就是晴天時到田裡工作、雨天則在家裡讀書的生活，於是我和助理們去應徵市民農園，而且幸運地被選上。

於是我買了書，從書上獲得了氮、磷、鉀三大肥料特性等基礎知識，依照書上說的去開溝、做畦和播種。

當蔬菜漸漸長大時，我在蔬苗上蓋了塑膠布。

在我這裡工作的助手當中，其中一位是熊本縣稻農的兒子。他們家除了稻田之外，還有其他作物的田地，他也協助我了解各種關於農業的工作。

當時，他還把父母兩個人從老家請到東京來，具有農務經驗的父親也幫忙農園裡的工作。

難度較低的是番茄、茄子、小黃瓜和苦瓜。玉米最不需要動手整理，種下去後就可以不管。我也曾種過像劍蘭那樣的花。

難度較高的應該是冬天的波菜和白蘿蔔。

我在這裡的感受是，吃到是自己種出來的食材時，心中那股難以言喻的喜悅感。不過，像這樣些微的幸福時光並未持續太久。當我開始在漫畫雜誌上連載後，就騰不出時間到田裡工作了，因為我從一九八〇年起開始連載《人間交叉點》，到了一九八三年又有《課長島耕作》加入連載。

三個經濟團體

《島耕作》系列連載到二〇一五年為止（《島耕作農業論》發表的時間），共經歷了三十二年。

當島耕作從社長升任會長時，他和新接任的社長有著這麼一段對話：

「身為社長，我將會在 TECOT 公司的業務上盡心盡力，像島會長這樣德高望重的人，請為日本經濟發展盡情地發揮您的能力。」

「我的立場是公司業務分配百分之三十，其餘的百分之七十則放在商業往來的活動上。」當時島耕作如此回應。

在金融界，藉由政治的影響力來實現政治與企業兩個領域的利益集團，這個團體是透過集體運作來決策日本企業的發展方向。

在日本有三大經濟團體，分別是日本經濟團體連合會（經團連）、經濟同友會（同友會）和日本商工會議所。

先談經團連。

二戰前，日本的三井、三菱、住友、安田等財團可說「喊水會結凍」，具有相當大的影響力。在一九四五年到一九五二年間，GHQ（駐日盟軍最高司令部）認定這些財團助長了戰爭的行為，於是下令解散這些財團。

在戰爭期間，靠著軍工產業而茁壯的新興集團在戰爭結束的隔年，也就是一九四六年，結盟成經團連。到二〇一五年六月為止，經團連共有一三二九間商社加盟，這些商社簡言之就是大企業。換句話說，經團連是大企業的集合體。

既然工廠已經外移，那就在國內發展農業吧。
TECOT 也成立了農業生產法人，朝著新的領域前進吧。
農業啊……
三代君。

同友會和經團連一樣都是在一九四六年成立。這個組織的起源，是從美軍GHQ要求日本大企業負起助長戰爭行為的責任，流放這些大企業原本的管理階層而開始的。

也就是說，這些大企業部長級的中堅幹部頂替了管理階層，突然要求擔負起商社的營運，那些人的年輕幹部抱持著重建日本的想法而集結在一起，因此組織成同友會。

同友會的規章第三條這樣寫著：「經濟人，從個人的自由和負責任的角度出發，以社稷、經濟的進步與安定，並與世界經濟的協調發展為任。」根據這樣的精神，擺脫企業包袱、以個人立場入會，是為同友會的特色。如果和以企業身分入會的經團連相比，同友會反而容易出現新的提案。近年政府經濟相關委員會裡，參與同友會的成員就超越了經團連的成員。

第三個是日本商工會議所，以中小企業經營者為主的組織。它的歷史相當悠久，可追溯到一八七八年。二戰後，日本各地以地方為名的商工會議所陸續設立，但是將這些地方團體整合起來的是日本商工會議所。先不談性質完全不同的日本商工會議所。經團連與同友會都是與大型企業的經營者有關係，因此常常讓人搞不清楚兩者之間的差異。

經團連是以提供執政黨政治獻金為武器，將經融界的意圖反映給政治，因此經團連的年費會依企業的規模而有差異，且金額都很大。在漫畫中，每年島耕作的公司 TECOT 必須支付經團連的會費是四千萬日圓。而實際上，聽說支付這種龐大會費的企業也確實存在。

另一方面，同友會並沒有政治獻金，而是向執政黨提出政策提案，來展現其對政治的影響力。個人的入會費便宜許多，年會費大約在五十萬到一百萬日圓之間，也能以較少的花費在經融界活動。

在島耕作的漫畫中，經團連與同友會則稍微改一下名稱，以「經濟連」和「交友會」來表示。島耕作也是以自由度較高的「交友會」之下的農業委員會為舞台，來展現他的長才。

漫畫必備的現實感

《島耕作》系列漫畫是一定要出門考察的。

與非虛構的故事或紀錄片節目不同，我的作品必須有「現實感」。這並不是現實世界的複製，現實感是一種香料，可以在故事架構這個主菜上增添色彩。

在漫畫當中，島耕作之所以開始對農業感興趣，是因為二〇二〇年即將舉辦東京奧運會。因為東京奧運的舉辦而帶來實質獲益、增進就業機會的產業裡，農業也在其中。島耕作的 TECOT 公司隨即著手開發具有電腦控制和 LED 人工光源的玻璃溫室。

所謂玻璃溫室，是以玻璃披覆的農業溫室。由於塑膠布溫室的外牆是以玻璃為材質，比塑膠布的密閉性佳，能夠進行更精密的管理。在玻璃溫室裡種植作物，溫度、濕度、養液、補光時間都由電腦控制，也就是「植物工廠」的概念。

如此細微的管理正是日本的製造業——電機產業——最引以為傲的強項了。

我第一次前往考察的農業現場是大分縣。

這次邂逅拜好運之賜。大分縣廳（縣政府）得知《會長島耕作》以農業為題材時，縣廳的人員便說道：「大分縣目前與荷蘭和瑞典一樣，正在發展養液栽培和溫室栽培，你想參觀嗎？」

大分縣廳不只是縣內的企業，就連外縣市的農業相關企業都投入農業。在這之中，食品業是一定有的，另外還有汽車製造、資訊科技（ＩＴ）企業等。

從東京羽田機場到大分縣，搭飛機要一個半小時。

大分縣廳的人員首先介紹汽車製造商所經營的番茄植物工廠。

在入口處將鞋子換成拖鞋，從站在放有消毒液的托盤之處，開始了參觀流程，接著是進入像是淋浴間的隔間，用強風將衣服上的病媒害蟲等吹掉。

簡直是精密機器工廠的衛生管理。

進入植物工廠後，我不自覺地驚嘆：「好大！」光是天花板就將近五公尺高。溫室的牆面是用透明的膠膜，這種膠膜的單價比玻璃更貴，但是強度更高、光的散射效率也更好。

植物工廠的面積有二公頃，其中一．三六公頃用於番茄的養液栽培。所謂養液栽培，是指不使用土壤的栽培方式。

養液栽培有三種方式。

植物的根系浸在培養液或是在表面的稱為「水耕」；使用土壤的替代物（介質），這種方式在日本稱為「固形培地耕」；根系若為裸空並且用養液的噴霧來供輸營養者，稱為「噴霧耕」。

此次參觀的大分植物工廠使用的是「固形培地耕」。這裡以椰子殼替代土壤，讓養液滲入其中。這種方式又稱為荷蘭模式，水分由循環方式的灌溉系統取得，當然都是由電腦控管。

無意間我看到溫室裡吊著一些小紙片，是用來黏附小蟲子的黏紙，看起來就是以前用過的捕蠅紙。話說回來，這類的溫室病蟲害管理相當徹底，幾乎不需使用農藥。

溫室裡種植的是源自荷蘭的「富丸ムーチョ」（Tomimura Mucho），每顆重兩百到兩百四十公克的大果番茄品種。

番茄的風味來自糖度、酸味和香氣，成熟的番茄具有三者之間完美的平衡。「富丸ムーチョ」除了風味良好，也具有漂亮的顏色，而且是可以長時間維持鮮度的番茄品種。這種番茄與做漢堡的小圓麵包的大小相近，非常適合漢堡業者切片後使用。也因為植物工廠的管理相當徹底，所生產的番茄大小相當均勻，也成為該工廠的一大優點。

這裡的番茄除了供應漢堡業者，還供應地方的果菜市場，及東京果菜拍賣市場、大阪的中央零售市場，它就是這麼具有競爭力的番茄。

另外，特別值得一提的是，這麼大的工廠僅靠著一位正職、十五位兼職的少數職員便可以運作。

在外人無法進入的「工廠」內所受到的震撼

在大分縣的考察中，我們也參觀了一座密閉式全環控型的植物工廠——夢野菜大在農場（夢野菜おおざいファーム），大在農場的系統是由美乃滋的大品牌——Kewpie（キユーピー株式会社）——開發的。因為是全密閉式，我們無法進入植物工廠內部。裡頭用的是人工照明，水分由噴霧系統供給，植株的營養則由養液流經根部來供應。

由於灰塵和病蟲害全被隔絕在外，生產過程中完全不需使用農藥，所生產的葉菜也無需清洗就能生吃。若拿去水洗，可能會汙染這些菜。

雖然廠內不用土壤，是由人工光源、噴霧水耕來栽培蔬菜，聽起來有如工業產品，可能心裡多少有些抵抗，但營養成分和一般露天種植的蔬菜沒有差別。

這座農場排除了天候和自然環境的影響，還具備穩定生產、全年供應的能力。依品種的不同，從播種之後大約三十天便可採收出貨。

除此之外，我也到了大分縣的「久住高原野菜工房」考察和取材。

他們的招牌是青色的底、黃色的十字線，以瑞典國旗為設計概念，「久住高原野菜工房」使用了日本第一套的瑞典設備，是由瑞典Swedeponic公司開發的生產模組。

Swedeponic生產模組的特點是槽式栽培，使用小型盆缽置於特殊的水耕槽內，以這種形式來培育作物。小型盆缽內不是土壤，而是使用高山地區苔癬腐植而成的泥炭土。

盆缽內裝入一定量的泥炭土後，經輸送帶運到植物工廠內部，對每條生產線的光線、溫度、濕度、二氧化碳的濃度、合理的養液量進行管理。在達到可以出貨的規格之後，將條狀的水耕槽運送到採收區域，最後蔬菜連同盆缽一起包裝出貨。

蔬菜和盆缽一起販售，消費者購買之後不需冷藏，在烹飪之前將葉菜摘取下來即可。

「我們的產品可以成為廚房裝飾品。若要維持它的鮮度，只要不讓泥炭土乾掉，它就可以非常健康地存活很久喔！」久住高原野菜工房的官網介紹這麼寫著，當然也能作為觀賞用植物。而且蔬菜採收後的泥炭土添加肥料後還可再度使用，例如巴西里、菠菜只要留下兩公分，補充水分後可以再長出新葉。

採訪時，我和負責導覽的大分縣廳人員聊了許多事情。

當我問起大分縣的農業狀況，縣廳的人表示：「不只是大分縣，整個農業都在下滑中。」

三十年前，大分縣約有九萬戶農戶，但在今天僅剩一半。農業的從業人口（僱工、運輸、銷售等）從七萬人減少至三萬五千人。今天更嚴重的問題是六十五歲以上的農業人口佔了七成。

已經沒有時間了。

長年以來，農業一直被視為日本的神聖領域。首先，農業是很難有新的業者投入的領域。農業和其他產業不同，農戶、農協和農業研究人員是一個小圈圈，若與其沒有關聯的人很難進入。至少看起來是如此。

農業如同字面上的意義，是國家的生存底線。如果農作物無法順利生產，國民將面臨飢荒，農業作為生存的要件應該被好好的保護，不論政治家或民眾都這麼認為。

不過，若將農業當成聖域的話，是否就會停滯不前了？

任何企業都應當具備管理和行銷的能力，也要有技術能力。在這個領域中，最不擅長的莫過於是那些個體農戶。若善用這些能力，農業可能成為拯救日本的產業。

沒錯，讓日本以農立國。

如同過往 Made In Japan 的工業產品暢銷全世界，在這個時代，Made In Japan 的蔬菜，或藉由 Made In Japan 的蔬菜轉移到全世界的日本技術不斷推出的同時，也應該做到這點。

譯註

1 殖產興業是明治政府以歐美列強為範本，傾注國家資源與政策扶植現代化的產業，包括：全國統一市場，發展交通、運輸、通訊產業，工礦業國有化，獎勵私人企業等面向。今天我們熟知的三井、三菱、川崎等日本財團也是從這裡為起點而迅速發展。

2 富岡製系場（富岡紡紗廠）位於群馬縣富岡市，距離避暑勝地輕井澤約四十二公里的車程，一八七二年日本向法國購買紡織機組後設立。這裡是日本工業化的起點，日本工業的企業管理、產業分工、物流、金流系統等思維都奠立在這個基礎上。富岡紡紗廠後來被三井財團收購，現由三井物產所管理，在二〇一四年被認定為世界文化遺產。

第二章
日本的農地盡是稀奇古怪的故事
——新的農地改革以及農民「職業化」的必要性

看看那些細小零散的農地

我是一個漫畫家，不是農業專家。正因為我不是農業專家，所以能跳脫業界固有的傳統與常識，看到他們所看不到的東西。

我在農業採訪時一直有個疑問，明明其他行業都是這樣的事情，為什麼農業做不到？

我曾經待過松下電器等電機製造廠，它們都是投入大量資本興建的工廠，擁有嚴格品管並大量製造成品，靠著這樣的方式來外銷全世界。不只是松下電器，索尼、豐田汽車、本田技研工業、日產汽車這些創造日本經濟奇蹟的製造業，都是採用同樣的模式。

為什麼農業做不到？

也就是透過法人的成立，經營大規模生產型的農業。

日本的農地面積有四五六萬公頃，佔日本國土總面積的百分之一二・二，平均每個農戶（經營個體）的生產面積為二・二七公頃。

對照之下，美國每個農戶的平均生產面積為一六九・六公頃，是日本的七十五倍。澳洲為二九七〇・四公頃，是日本的一千三百倍。

與歐洲相較，德國為每戶平均五五・八公頃，法國為五二・六公頃，義大利為七八・六公頃，分別為日本的二十五倍、二十三倍、三十五倍。

為何日本的農地被切得如此零碎？

原因得歸於農地的改革。

二戰之後，一九四七到一九五〇年間，駐日美軍司令部下令進行農地改革。若地主不住在該區域者全部都要徵收，住在當地的地主則依規定保有部分土地超過規定的部分則全部徵收，並出售給原先承租農地耕作的佃農，扶植成自耕農。傳統的地主和佃農的形式因此被徹底拆解。[1]

如前所述，因為這種農地改革政策，我家的農地因此損失了一大半。

把農地給了向來被迫過著貧困生活的佃農，讓他們從舊有的世襲制度中解放出來，是相當重要的一步。不過，農地被劃分成細小的單位，對日後要推動大規模的農業非常困難。

農地改革的思維

說到制度或組織，不論制定的當下有多長遠的眼光，但往往在實際執行之後成了後人發展的絆腳石。像這種拿石頭絆腳的案例，在日本的農業屢見不鮮。

導致日本農地零碎化的農地改革，雖然是駐日美軍司令部的命令實施的結果，但據說這原本是當時的農政官僚殷切的要求。也就是說，當時的改革的目標是解放沒有土地、只能受傭於大地主的佃農，並改善持有零星土地並為雇傭勞動力的零細農業結構。

日本的農業基本法制定於一九六一年，前言已提及這樣的思維。後來農業基本法隨著一九九九年「食料・農業・農村基本法」的頒布而廢除，在此之前，這套法案一直被稱為農業界的憲法。

雖然農業基本法的前言比較冗長，我還是全部列出來：

「我國的農業經過多年的淬鍊，擔負了國民糧食與農產品供應、資源的有效利用、國土安全、擴大國內市場等國民經濟發展與國民生活安定的重責大任。此外，農業從業人員身為農業的主幹，勤奮刻苦、任重道遠，是國家社會和地方發展的重要推手，及國民勤奮精神和創造力的標竿。

我們須將這樣的農業與從業人員的使命牢記在心，堅信這是建設民主化文化國家的基礎。

然而，隨著經濟的發展，農業與其他產業在生產能力，以及從業人員之間的生活水準差距日益擴大，加上農產品的消費市場已發生變化，於是農業的勞動力開始轉往其他產業。

為了因應這個情況，加強農業在自然、經濟、社會方面的功能，尊重農業從業人員的自由意志與創意，追求農業的現代化與合理化，致力於讓農業從業人員與國民各階層得以保有均衡、健康的文化生活，此為回應農業與農業從業人員的使命，亦是國民追求公共福祉的責任。

在此，為了指引農業明確的發展方向，制定農業相關的政策目標，特定此法。」

只是，農業基本法與其說是理想，還不如說是制定時受到強大的政治影響所導致。

前農林官員，山下一仁曾經這麼寫道：

「原先，思考著延續戰後的農地改革，致力改善零細農業結構的農林省，對於農業改革機制，包含限制地主保有佃地等政策，要以永久的長期政策保留下來，是抱持著反對的態度。但是，當年美國與執政的自由黨卻想讓農村的保守化政策繼續下去。一九四九年，麥克阿瑟總司令向吉田茂首相遞了一封書信，內容堅決地反對農地改革方案中止。反對農業改革的執政黨自由黨在一開始是反對《農地法》的制定，但是當時的大藏大臣池田勇人以農地改革可以創造許多小地主、農村的保守化政策對自由黨相當有利等為由，遊說了自由黨，最後在執政黨內匯聚了共識。」

（山下一仁，《農協的大罪：「農政三角」將招來日本的糧食危機》，寶島社新書）[2]

山下認為，當年的執政黨為了獲得農村地區民眾的支持，刻意將大坵塊農地拆分為細小農地，創造出許多的自耕農。

成為執政黨支持者的農民，在稅務上自然受到寬厚的保護。

在持有農地的情況，幾乎不需要繳交固定資產稅。接著，日本的土地價格不斷上漲的情形持續了一段時間。

只要握有土地，也許哪天就能獲得一筆飛來橫財吧。

當附近蓋起大型的購物中心或是需要開闢道路時，賣掉農地就能夠獲得巨大的利益。

對於部分農家來說，農地如同財富一樣要好好抱緊。因此，他們絕對不會將農地脫手，即使後來當了領薪水的上班族，有人還是會以兼業農民的身分，持續在狹小農地上耕作。由於對土地抱持著財富的幻想，而導致農地無法健全地交易，也無法真正的有效利用。

《農地法》

話說回來，以企業的角度來看，最好是把必要的農地集中起來管理，但由於《農地法》的限制，這種農地集約化的作法不被允許。

《農地法》第二條第三項對於「農業生產法人」有這樣的規範：

「條文中提及的『農業生產法人』，是農事組合法人、株式會社、與持分會社，以及符合下方列舉之必須資格者。」（以下省略）

先決條件是「身為法人的事業體必須以農業為主」，接著是成員、股東、員工都有明文規範。

簡單來說，如果是一般的株式會社，農業以外的關係企業在出資金額上不得超過登記資本額的四分之一。也就是說，即使母企業要出資，但還是不能成立農業相關的子公司。

當然，《農地法》限制的只有農地買賣的資格。在我先前和新浪剛史的訪談中曾提到，LAWSON雖不是農業法人，但還是可以承租農地。然而，要承租到好一點的農地仍相當困難，對於企業投入農業已經構成了障礙。

內閣府的規制改革會議裡有一個「農業工作小組」，設有統籌事務的主席一職，由Future Architect的代表董事兼主席及總裁金丸恭文擔任。[3]

金丸恭文在神戶大學工學院畢業後進入系統開發公司，隨後開發了十六位元的電腦，為了讓這套資訊系統更成熟，金丸向連鎖超商7-11提出銷售時點情報管理，也就是POS系統的方案。後來他成立了自己的資訊科技顧問公司，成為資訊科技界頂尖的人物。

恢復規制改革會議，也是安倍內閣在二〇一二年十二月再度組閣後的政策亮點之一。

規制改革會議始於一九九五年的村山內閣的時代，前身是內閣府設置的「行政改革委員會規制緩和小委員會」。之後在內閣輪替下，這個審議會一直存在，直到二〇一〇年三月才宣告解散。

二〇一三年一月，金丸恭文接受了規制改革會議委員的任命，緊接著在二〇一三年七月擔任新成立的「農業工作小組」主席一職。

金丸恭文厲害的地方，是他對高科技農業的認知。不過當他在接任「農業工作小組」主席時，他是個什麼都不懂的農業門外漢。

規制改革會議也設有資訊科技、企業相關的工作小組，金丸若要貢獻一己之長，應該要加入這些小組。不過，政府的態度相當堅決，希望金丸恭文能帶領農業工作小組。

規制改革會議的農業工作小組剛開始運作時，金丸恭文曾聽聞這樣的情況：

在我們之前，許多先進已為農業的問題努力過，但絲毫沒有進展。過去也曾經召開會議，提出農協改革的建言，但會議記錄卻刪除了那些發言。

不難想像，這是那些所謂「農林族」的國會議員施加的壓力。

規制改革會議的宗旨，是為了讓舊有的法律符合時勢的演進，適時地修改部分法令。

農業工作小組則是以農業相關的三項法律，包含《農業委員會法》、《農地法》，以及農協法為「對象」，開始進行改革。

農業工作小組首先提議，農業以外的企業對農業法人的出資，要從現有的「百分之二十五以下」提高到「少於百分之五十」。

沒有生產稻米卻能夠獲利的制度

日本國土狹小，適合農耕的平原土地相當少，即使外在條件如此，現行的農地卻未有效利用。

我在大分縣考察時，「那片都是休耕的農田。」導覽人員看著窗外感嘆地說道。「所謂休耕的農田，就是荒廢的農田。」對於我的回答，他曖昧地點點頭，「對啊，不只是水田，這裡也有非常多無人耕作的旱田。」

專業農民放棄耕作的農田已經少很多了，不過那些沒有經濟規模的小面積耕作者，以及持有農地但不是農民者，這類型的棄耕農地越來越多。「持有農地但不是農民」，指的是所謂的「兼業農民」。

「如果有誰能出面，把這些零散的農地統整起來使用就好了。」導覽人員接著說。

放棄耕作的農地，也就是廢耕地、休耕地，這是日本農業的問題之一。

這些不再續種水稻的水田，說到底就是國家政策造成的。

在昭和四十年（一九六五）左右，日本國內的稻米供給開始大過於需求，稻米生產過剩，迫使日本政府在一九七〇年祭出生產調整的措施（減反政策）。

也就是讓種植稻米的水田休耕，減少稻米的生產量。

對於配合這項政策的農家，政府將提供補助款讓他們休耕，因為這項政策，即使他們不種田也能夠領到補助款，休耕田因此高達二十六萬公頃。之後，政府開始鼓勵農家在休耕田改種稻米以外的作物，休耕田的補貼也在一九七三年終止。

但是，到了昭和五十年（一九七五），這項生產調整政策又「再度」施行了一次。

一九八二年，水田的休耕面積高達六十六萬公頃，相當於當時全國水田總面積的百分之二十二。

原本不利生產、位於山林地的小面積水田，後來也沒有轉作水稻以外的作物，就這樣被閒置下來，鄰近區域的農水路設施也因此被荒廢。這不是休耕，是放棄耕作的廢耕農田。

生產調整（減反政策）並沒未結束，一直持續至今。二〇〇五年日本實施農林業普查，透過統計得知全國水田總面積百分之二十五、高達五十一萬公頃的水田未進行稻作。

針對休耕田不斷增加的現象，目前有各種不同的見解，被提出來討論。《農業經營者》月刊的副總編輯淺川芳裕，在他的著作《日本是世界第五大的農業國：天大謊言的食料自給率》（講談社＋α新書）一書中寫道：

「農林業普查，意即農林水產省全面調查農業和林業的生產結構及就業結構。掌握農山村的綜合利用現況，作為農林行政的規劃、法條立案、草案擬定等基礎資料之用，每隔五年普查一次。

確實，全國廢耕農地的面積已多到像琦玉縣那麼大。

但是，那些放棄耕作的農地原本的條件就很差，事實也證明，那些農地被閒置後，並沒有衍伸出什麼大問題。

那些土地的條件太差，即使耕作也無法營生。農地所有人也有從事農業以外的行業，因為轉行而放棄了農務耕作。

全世界各地也有類似的現象。過去十年內，日本的農地減少了七十萬公頃，法國減少了五十四萬公頃，義大利減少了一四六萬公頃，美國則減少了三七三公頃。不過，即使如此，這些國家的生產量還是呈現增加的狀態，這代表著生產技術的進步，讓同樣面積的土地獲得數倍的收成。

放棄耕作的農地增加了，或許是件好事。對於成長中的農場來說，他們可用低廉的價格來承租這些廢耕地，甚至買下來，以較低的成本擴展經營規模。一旦農場的收益增加，國家的稅收和地方的就業機會都會成長，簡直是一塊寶地。因此，對於廢耕農地增加這件事，最好是放著不去管它。若是用政策去保護那些經營不善的非專業農家，這種行為根本是在浪費納稅人的辛苦稅金。」

依據淺川芳裕的見解，特地處理休耕田，只會徒增農水省的工作量，只是為了向社會大眾展示農業的價值而已。

另一方面，前文提到的金丸恭文也曾說道：「休耕田當中有許多是放棄耕作的農田，但隨著地域的不同而有些差異。」

金丸恭文所主導的內閣府農業工作小組，邀請各地農業從業人員參加座談，我們可從會議記錄中得知有關休耕農田的討論。

農事組合法人 Vegearts 的代表理事山本裕之說：「閒置的農地與其說是休耕，還不如是廢耕。為了能更精確判讀，我們認為最好能加強收集這些農地的資訊收集。至於人手不足、休耕農地增加的問題，在我居住的地區卻是非常罕見的情況。」

Yamazaki Rice 株式會社的代表董事山崎能央說：「在我們那裡，農地都以一百公尺的長度重劃並設有灌溉水路，算是條件完善的農田，所以幾乎沒有休耕農地。誠如先前的發言，有些農地廢耕的原因就只是因為條件太差了。」

久松農園的代表久松達央說：「若和大家相比，我這裡的休耕地就比較多。想要來此租借土地來經營農業，就會有人願意出借，但是終究是較偏遠的農地，雖然能夠借到大規模的農地來經營，也不一定會得到什麼改善。」

Vegearts 的山本裕之在長野縣北佐久郡種植萵苣、高麗菜、白菜、菠菜等蔬菜。Yamazaki Rice 的山崎能央則在埼玉縣北葛飾郡種植稻米，在菲律賓、柬埔寨也有投資事業。

最後一位發言的久松農園的久松達央，在本書最後有一章訪談文章。久松農園位於茨城縣土浦市，以露天的方式耕作，全年可栽種五十項蔬菜，是相當厲害的農業經營者。

不論在長野還是在琦玉，幾乎看不到所謂的休耕田，即使有，也只是不利農業操作的廢耕農地。茨城就有休耕的農田，而且零散分布，無法集中起來有效運用。各地所面臨的情況並不相同。

農地銀行的可行性

各地對休耕農地的認知也不一樣，先不論是否有利於農業耕作，這些農地的存在就是一個事實。為了要解決這個問題，LAWSON的新浪剛史便提出設立農地中間管理機構「農地銀行」的概念，他把農地銀行稱為「第二次農地改革」。二〇一二年十二月五日，「農地中間管理事業推進相關法案暨農業構造改革推動之農業經營基盤強化促進法修正案」正式通過，這就是農地銀行建立的法源依據。

以前存在有「農地保有合理化法人」的組織，主要的業務是管理與仲介農地的買賣。不過，農民把農地視為祖先所留下的珍貴祖產，不會輕易放掉，因此這個組織漸漸失去了作用。

另一方面，農地銀行是租賃農地給縣政府的第三方機構，由管理機構將零散的農地集中後一起出租。

目前那些荒廢的農地，有些休耕地曾經是肥沃的良田。農地銀行可以在一定的期限內，以補助款的方式讓這些良田恢復地力。

不過，要如何運用才合理，這需要另外討論。

「直到今天，日本所謂的農業行政，根本就是土木農業！」新浪剛史一語道破休耕地的盲點。

說穿了，日本的農業就是要國家拿出補助款來搞硬體建設。若不賦予縣知事等地方首長的責任，努力不讓道德風險發生的話，就會不斷重複以前做過的事情，而無法與時俱進。

首先要檢討的是部分農地補助款的使用方式。

例如，若各地的業者與負責農地銀行營運的農業委員會結合，可能連原本貧脊的土地都想申請補助金來活化農田，這種方式就如同把錢丟進水裡，看不到任何效果。

根據新浪剛史等人的提議，農業委員會可由縣知事等地方首長來管理，每隔三年或五年定期評估首長的績效。績效不彰的地方首長則刪減其預算。畢竟農地銀行是否能正確地使用，需要一段時間來觀察和評估。

農業與資訊科技業的相容性

在規制改革會議裡，農業工作小組的金丸恭文曾提到：「唯有捨棄既有的觀念，才能看到農業常識以外的東西。」我的看法也一樣。

我認為農業和資訊科技業的相容性很重要，金丸恭文也持這樣的看法。「對我們這些理工人來說，農業是最有趣的項目。我的公司在開發企業經營用途的系統，所謂的企業經營，說穿了就是加、減、乘、除。四則運算式的世界並不複雜，和農業相比，農業不但是非典型，而且會變化和移動。農業生產的預測是一條具有很多變數的高等數學公式。包括溫度、濕度、風力、日照長短的大數據收集，即時對照農作物的生長變化，對科技人來說相當具有挑戰性。」金丸恭文這麼說。

放眼世界，以色列的農業最具有高科技的感覺。在敵國環伺的情況下，以色列糧食的安全就是生命的安全，「糧食就是性命」，如此形容一點也不為過。

但是，日本農業目前處於未能活用資訊科技的狀態。

「世界將朝向『可控制型』的農業發展。年輕的資訊科技工程師慢慢進入農業領域，但並非由這些資訊科技人才生產農作物，而是要和農民攜手組建一支團隊。以足球來比喻的話，就像是一支隊伍，前鋒、後衛、守門員都是不可或缺的角色。」

這就是專業分工。

金丸恭文的這番話一定能激勵理工人的鬥志吧。但是，即使對農業懷抱著熱忱，從事這行業的入卻非常狹隘。這也是許多農家所面臨的事業無人繼承的困境。

在日本，想從事新型態的農業生產模式，但家中並不是務農的人，就根本不得其門而入。

到市公所面談，所方人員會跟你說：「打消念頭比較好。」若不死心，到了農協，農協的人會問：「你為什麼會想務農？」我說我想從事有機栽培，「有機？我們這裡並不需要有機栽培的東西。」當場被農協的人潑冷水。

不過，隨著市場的變化，消費者對於有機葉菜的需求量不小，從事有機栽培的人也不少。

剛開始大家都是白紙一張，沒有經驗的初學者進入公司之後，公司會安排新進同仁的養成教育。即使沒有經驗，在老手的帶領下，新人也能成為獨當一面的新血。但農業界根本沒有類似的養成訓練。

真實的情況是，所謂的農業研修，就是把新人丟給農家，任由他們去代管休耕農地。

將「職場」的概念帶入農業

即使幸運找到好的農地，但還有一堆農業以外的事務。

先不論主要收入為其他工作、上班領薪水的兼業農民，日本的農民都可算是自營商。

像我這種漫畫家也是自營商，我可以體會其中的冷暖。自營商平常要做的事情非常多。

除了我的本業漫畫，我還要記帳、處理稅務，有時要舉辦活動、宣傳，金流的控管也是一門相當重要的功夫。

雖然這些事情都可以得到其他人的協助，但這些事情你還是要全程照顧，無法置身事外。

我想，這就是農業從業人口減少的原因之一。

因此，讓民間企業跨入農業有其必要性。當民間企業涉足農業生產，可以把公司的制度帶進農業裡，建立起「職業」的概念，進而保障從業人員的相關權益，更容易讓人視農業為一種職業。當然，這些企業一定得安排「新人訓練」的課程。其中，從這裡學到專業技能後想獨立發展的大有人在，比起那些一頭熱栽進農業卻什麼都不懂的人，他們在產業裡的存活機率一定會提高不少。

如此一來，從事農業的人不再是自負盈虧的個體戶，而是受薪工作，當一個不用穿西裝、打領帶的農業「上班族」，而且農業從業人員的平均年齡也會下降。

金丸恭文還提到一點，企業加入農業後，將大大地改變農業從業人員的地位。

「舉例來說，聯誼時女方問起男方的職業，在父母或某家農場幫忙農務的人一定拿不出名片，若遞不出名片，要進一步發展恐怕就沒什麼機會，想要結婚更難如登天。但如果是在農業法人，即農業公司或農業企業等組織裡工作的話，公司的名片就能派上用場了。」

或許這是解決農民找不到另一半的好方法。

只要農業企業的規模夠大，就可進入這家公司工作，每個月都能穩定地獲得收入。不喜歡這種型態的人若憑藉著自身的執著來從事農業，有信心做好自己品牌的人也能獨當一面。

這兩種不同的農業從業方式並存，不是比較自然嗎？

譯註

1 一九四七年到一九五〇年間日本的農地改革，類似台灣的「三七五減租」和「耕者有其田」政策。

2 「農政三角」是指執政黨、官僚、農協，也就是自民黨、農水省和農協的共生關係。農協提供農民選票，執政黨制定政策與編列預算，農水省則是撥款與執行單位。三者的共生確保三者的利益，說好聽是 win-win 三贏，說難聽則是綁樁和分贓。如當年的大藏大臣池田勇人後來成為日本首相，對外大開農產品進口之門。

3 Future Corporation 株式會社主要的業務是協助企業的經營戰略，是企劃管理的顧問型公司。一九八五年，金丸恭文為 7-11 開發了ＰＯＳ系統而一戰成名，一九八九年又創立 Future

Corporation 株式會社。現在主要往來的客戶有樂天、三越伊勢丹、高島屋等，以及資訊、電機和汽車製造大廠。

第三章

向講求合理與效率的農業強國「荷蘭」學習
——如此小的國家為何能成為世界頂尖？

飛往我關注很久的國家：荷蘭

開始進行農業考察之後，有一個國家特別引起我的注意，就連我在大分縣取材時都經常有人提到這個國家。這個國家是「荷蘭」。

當《會長島耕作》開始談到農業議題時，無論如何一定要去一趟荷蘭，這個念頭非常強烈。

在此先介紹荷蘭這個農業的先進國家。

荷蘭（Holland）正式的國名是尼德蘭（Nederlanden）共和國，尼德蘭在荷蘭話裡是低窪地區的意思，一如字面的意思，荷蘭全國有四分之一的土地位於海平面以下，是水資源非常豐富的國家，同時也是與水對抗的國家。

荷蘭在日語的發音是「オランダ」（Oranda），標準的和式拼音，荷蘭人則稱為「ホラント」（Holland）。荷蘭國土總面積為日本的九分之一，人口約一千七百萬人，大約是日本的八分之一。若以人口規模來比擬，大概是日本九州的感覺。荷蘭因為國土狹小，人口密度為每平方公里四八六人，在全世界算是高人口密度的國家。

在地理位置方面，荷蘭位居歐洲大陸的中央，面臨北海，是萊茵河、馬士河、魯爾河等大河的出海口，荷蘭的發展基礎就建立在這樣的地理條件上，特別是位於萊茵河、馬士河出海口的鹿特丹，因交通和貨運的發達，而有「歐洲的大門」的稱號。現在的鹿特丹肩負著百分之三十歐洲貨櫃的吞吐量，是歐洲最大的港灣都市。

荷蘭的首都是阿姆斯特丹，人口約八十萬人，僅東京都的十五分之一。阿姆斯特丹的水路相當發達，以中央車站為中心，運河呈放射狀向外延伸。阿姆斯特丹是荷蘭最大的城市，但荷蘭的政治中心在海牙（Den Haag），海牙的發展和巴西的聖保羅、巴西利亞有相當的淵源。

開車行經阿姆斯特丹的街頭，市中心具整體感的建築物相當有特色，很多是東印度公司時期的古風建築。另一方面，稍微遠離市郊的地區，也有不少外觀普通的大樓。還有一些古風建築，其屋頂傾斜，屋瓦和外牆塗著各式各樣的顏色，這是荷蘭在一九九〇年左右興建的建築風格，後來更發展出相當有名的「Dutch Design」設計風格。

荷蘭是歐盟會員國，法定貨幣為歐元，通用語言為荷語，也通行英語。荷蘭以經商立國，長久以來與世界各國往來頻繁，從小學就開始實施英語教育。

荷蘭人的生理特徵是身高很高，荷蘭男性的平均身高是一八三公分。

此外，「各付各的」的英語是「Dutch account」，意指荷蘭人是出了名的吝嗇。負責導覽的人員也說，荷蘭人會留意日常生活的水源、電力、衛生紙等資源的浪費，這也和基督教信仰裡的新教徒有關。新教徒的特徵是清貧禁慾主義，也許是國土狹小、土壤貧瘠的緣故，荷蘭人在飲食上節儉的觀念根深柢固。

講求合理性的民族性格

首先，荷蘭人就是一個合理性的代名詞。

這或許與荷蘭人追求合理性的民族性格有關，荷蘭的法律認可「安樂死」，也就是民眾選擇善終的權利。在治療手段之外，患者具有「自己決定權」。安樂死合法的國家除了荷蘭之外，還有比利時、盧森堡、瑞士、美國的奧勒岡州、華盛頓州等。雖然現在可以合法安樂死的地方慢慢增加了，但在日本，安樂死還是等同於殺人罪。

所謂「合理性」，例如大麻比香菸較不危害人，因此荷蘭只要自身持有一定量以下的大麻，執法機構並不會進行取締（譯按：在荷蘭持有大麻並非合法，而是「除罪化」，但持有過量的大麻仍是重罪）。另外合法的還有性產業，像是阿姆斯特丹街頭的櫥窗女郎。

賣春，即性產業，是人類最古老的商業行為。有需求就有供給，有人買單就有人販售，沒理由制止這種行為。如果性產業是一項職業，那就沒有必要限制它的存在，荷蘭政府授予民眾自由選擇職業的權利。

若國家禁制性產業，這項交易就會到檯面下進行，也會成為幫派、黑社會等反社會組織的資金來源。從業女性的人權也將受到壓迫，產業環境會變得很糟糕，成為愛滋、性病的溫床。

與其產生這樣的情況，不如讓性產業合法化，讓公權力介入，徹底做好衛生管理、戴套性行為的強制規範，這就是荷蘭政府的想法。阿姆斯特丹的性產業約有四百到五百戶，從業人員也是個人依自由意志的選擇，雖然荷蘭和日本一樣存在著幫派組織，但不會產生由幫派掌控非法賣春的行為。

此外，荷蘭也是一個移民的國度。

從十三世紀開始，荷蘭吸納了全世界遭迫害逃亡來此的人，這股思想留存至今。十七世紀，荷蘭設立東印度公司及其根據地，在世界各地進行商品貿易和蒐集情報。當年荷蘭從印尼的爪哇島、南美的蘇利南等殖民地開始擴張，這些地區的人也遷移到荷蘭。

最具象徵性的就是足球。荷蘭的國家代表隊雖未曾在世界盃裡獲得冠軍，但曾在一九八〇年代的歐洲國家盃中奪冠，那幾年的荷蘭足球隊有世界第一的封號。當時球隊中的核心人物——「荷蘭三劍客」中的路德．古利（Ruud Gullit）、法蘭克．里傑卡德（Franklin Rijkaard），就是蘇利南裔的選手。

吝嗇、合理性、自由與包容，就是荷蘭人的特質。

每個農民的平均耕地面積

先前和新浪剛史的對談中也稍微提到，在此將荷蘭和日本比較一下。根據國際聯合貿易開發會議的資料，二〇一三年度農產品、食品出口總額的排行榜如下：

第一名：美國　十四億一八〇八萬美元
第二名：荷蘭　九億三三二一萬美元
第三名：德國　八億三三九八萬美元
第四名：巴西　八億二一〇八萬美元
第五名：法國　七億四五五三萬美元
第六名：中國　六億五二四六萬美元

其中，在數字上特別突出的五個農業大國——美國、德國、巴西、法國、中國等，都是有廣大領土的國家，唯獨世界排名第二的荷蘭是異類。日本的外銷總額為四六一八萬美元，在世界排名第五十五位，甚至落後於第四十四位的韓國。

另一方面，農產品、食品進口總額排行榜如下：

第一名：美國　十二億二九〇五萬美元
第二名：中國　十億三〇七二萬美元
第三名：德國　九億二三〇一萬美元
第四名：日本　七億一七四九萬美元
第五名：英國　六億四八九六萬美元
第六名：法國　六億三九〇萬美元

日本在此擠進了排行榜，並不令人意外。荷蘭也排進了第七名，稍後敘述其原因。

根據三菱總合研究所在二〇一二年發表的報告，荷蘭農產品的貿易順差排名位居世界第三名，日本則因為進口農產品太多，在該資料裡二〇三個國家中敬

也就是荷蘭農業的生產效率遠在日本之上的意思吧。
沒錯，例如設施栽培裡有90％是電腦環控，日本有這種先端技術的只有幾個百分點。
原來如此，先端技術啊……那其他的原因呢？
農場與周邊設施成為產業群落並緊密結合在一起，例如外銷的主要市場——德國——的市場研究，就是由瓦罕寧恩大學、政府和歐盟合作，產官學一體在農業裡深耕。
然後，就成了民間的農業顧問，負責栽培系統、市場行銷的指導。

陪末座。

雖然如此，但日本的農業生產總額並不低。在前面提及的國際聯合貿易開發會議裡，世界各國農業生產總額的排名為：

第一名：中國　九億一九二九萬美元

第二名：印度　三億二五三二萬美元

第三名：美國　二億二六六〇萬美元

第四名：印尼　一億二五三二萬美元

第五名：巴西　一億八八一萬美元

日本排名第九，五七六八萬美元。荷蘭排名還在後面，只有一五一二萬美金，位居世界第三十七名。日本的總人口是荷蘭的八倍，農產品幾乎都供應國內市場，外銷的品項相當少，因此在帳面上有落差。

日本在其他方面，「字面上」都遠勝過荷蘭。

日本的農地面積為荷蘭的二十四倍，農業就業人口為二十倍，農業經營法人為三十倍以上。

說到玻璃溫室和膠膜溫室的面積，日本的總面積是荷蘭的五．七倍。荷蘭從十三世紀左右開始墾荒，低海拔、平坦而肥沃的土地佔多數。荷蘭的農業用地約一九二萬公頃，將近國土的一半，但即使如此，能發展的土地還是很少。而農業用地中，有百分之五十一是乳牛用的牧草地，百分之四十三是耕地。如果算起國人平均農地面積，荷蘭應該是世界上最小的國家。

不過，若是計算每個農民的平均農地面積，荷蘭是日本的八倍。每一位農業就業人口的產值則是日本的十四倍。

荷蘭的農業從業人員在農用耕地上的使用效率非常驚人，單位面積的收成率堪稱世界之最。

這就是日本農業與荷蘭的巨大落差。

而落差的原因之一，是因為日本的農業教育和相關研究不足。

孕育「農業顧問」的大學

為了探究荷蘭農業強盛的祕密，我去了一趟瓦罕寧恩大學（Wageningen University）。

瓦罕寧恩大學位於瓦罕寧恩市，人口約三萬五千人的小城鎮，從阿姆斯特丹搭乘特快列車約一小時的車程。

瓦罕寧恩大學成立於一八七六年，前身是瓦罕寧恩的地區型農業學校，是政府的農業關聯機構之一。在一九〇四年荷蘭教育制度改革後，更名為國立農業、園藝、林業學校。一九一八年改為國立農業學校，一九八九年又升格為瓦罕寧恩農業大學。一九九七年再度更名為「瓦罕寧恩大學暨研究中心」（Wageningen Universiteit en Research centrum，簡稱ＷＵＲ）。

ＷＵＲ有教育研究單位，也有農業相關的研究單位。在組織編制上，研究中心、大學、高等農業教育學校都是各自獨立的單位。各個領域的橫向連結，讓教育和研究達到學以致用、相輔相成的效果。

作為核心的瓦罕寧恩大學有農業與食品科學、動物科學、環境科學、植物科學、社會科學五個學院，各院的校舍散落於街道周圍，和其他大學校園裡建物群聚的情形不太一樣。

大學部每年以八週為單位，分為五個學期。在八週內，前六週上課，一週為考試前的休息準備，最後一週則是考試週。也就是說，學生每年要面臨五次測驗，算是相當吃重的課業。

「這間大學的學生幾乎不需要待過栽培和生產的農場。」負責導覽的教授這樣說明。

也就是說，WUR的學生在校學習農業最先進的技術和農業經營的知識，畢業後即可擔任荷蘭政府或地方政府的農業諮詢顧問。

近年在荷蘭農業界，特別是使用先進科技設施的園藝農戶，與其稱他們為「農民」，不如說是「企業的經理人」。

荷蘭最引以為豪，生產蔬菜和花卉的植物工廠，堪稱農業生技產業，其中花卉指的是觀葉植物整體。

這些植物工廠和我在大分縣考察時所看到的類似——以機器手臂在盆缽裡植苗，然後利用輸送帶搬運到植物工廠，廠房內設有監視器，並以電腦控制溫度、濕度、水分和肥料。植物在此靜待幾個月，以達到出貨的標準。包裝、裝箱這類單純的勞動作業交由波蘭籍和羅馬尼亞籍的外勞負責，除了包裝、裝箱這種簡單的勞動之外，植物工廠裡儘量不用人力，管理人員一天中多半坐在電腦螢幕前看數據，就像是辦公室的上班族一樣。

在日本談起「農業」，一般人的第一印象就是辛苦勞動地工作，而且會腰酸背痛。在參訪瓦罕寧恩大學所展示的農業之後，我認為這是一項具有前瞻性的行業。

我也在荷蘭的植物工廠參訪花卉的栽培生產。這座工廠生產的是觀賞用的菊花，種苗來自非洲的烏干達，介質土則由德國運來。

種苗的移植由機器手臂執行，從鏡頭辨識四散於傳送帶上的種苗，機械臂就像人的手一樣，一根根地將苗夾起移植在盆缽上，每小時可移植三千株種苗。簡單來說，一切都是高科技，幾乎不需要人動手作業。

菊花的出貨時間從二月到三月，光是荷蘭的國內市場就有六億枝的需求。廠區有一棟建築專門用來開發新的品種，每年交配出十五萬種菊花品種，並實驗性地挑選近千個新品種來試種，最後能夠使用的品種約四十種左右。是相當有遠見的產業。

專門供應外銷的農作物

最早的時候，荷蘭的農業並非現在高效率的生產模式。

原先荷蘭的農業都是家庭式農業，歷經了資本密集、技術密集的集約化後，才有今天的榮景。若用數字來描述這段過程，一九八〇年荷蘭約有十四．五萬戶的農家，到了二〇〇七年減少到七．七萬戶。

其中，設施園藝面積不到〇．五公頃的農戶，在一九七五年時有五九〇六戶，二〇〇七年時劇減至六一三戶。另一方面，設施園藝面積達兩公頃以上的農戶，從一〇一戶暴增到六九一戶，足足成長了七倍。

也就是說，在這三十年間，農戶的經營規模急速擴大。

此後，農業從業人員數量減少，農場的經營規模擴大，加上勞力往其他產業移動，農業從業人員每人的平均產能也隨之提升。雖然人數減少，但生產效率卻大幅度提升。

自古以來，日本的農業都是以家庭為單位，與荷蘭對比之下，根本是截然不同的世界。

若進一步細看荷蘭的農業，日本和荷蘭最大的差異在於「設施園藝」這一塊。

荷蘭的設施園藝主要的生產項目是玫瑰、菊花、小蒼蘭等切花，還有番茄、彩色甜椒、茄子等果菜類。在二〇〇六年，其設施園藝的農產品產值佔全國的四成。

荷蘭的第二大強項是「草地酪農」。荷蘭的露天農地不種植其他作物，反而是用泥炭土種植畜牧業所需的牧草，這就是草地酪農。

所謂泥炭土（peat moss），就是沼澤或河湖地帶富含大量植物殘株的堆積土壤。濕地的植物生長茂密，植物死亡後沉積在下方，因底部的氧氣不足，微生物分解的活性受到抑制，而造成植物殘株分解不全，底部的土壤便含有大量的植物纖維。

在其他方面，還有食用的馬鈴薯、甜菜等農作物。園藝作物有高麗菜、花椰菜、青花菜等。另外還有肉雞、蛋雞、肉豬等集約型畜牧業。

其中最引人矚目的是主要作物——番茄，荷蘭的番茄自給率為百分之三一〇。此外，豬肉的自給率為百分之二四〇，產量遠高於國內的需求量。

設施蔬菜依品項、面積與日本相較，日本市場前三項的總合只佔全體的百分之三十七，荷蘭前三項則佔百分之八十。（譯按：意即荷蘭的農產品只有那幾樣，沒得挑。）

荷蘭的農業生產是「外銷導向型」，農產品多半因應外銷的需求，也可以說，他們並不在乎所有的項目是否在國內達到自給自足的程度。

例如，需要大面積生產的小麥等穀物，荷蘭在這項農作物上徹底棄守，這些品項全都由國外進口，也因為如此，荷蘭不只是農產品外銷大國，也是農產品進口大國。

荷蘭的農產品進口總額非常高，但其中藏了許多細節。

例如香菸、巧克力、可可脂這類加工製品，荷蘭進口原料，經過加工後再外銷成品。

以巧克力來說，巧克力的原料是可可豆，可可樹是熱帶作物，不可能在荷蘭種植，只能從過去曾為荷蘭的殖民地印尼等地進口大型農場所生產的原料豆。

世界知名的農產品貿易企業——聯合利華（Unilever）——在荷蘭設有據點，

將原料的可可豆加工成巧克力或可可粉，提升可可豆的附加價值後再外銷到其他地方。除了聯合利華，像是Droste等標榜「荷蘭製造」的巧克力品牌也不少。其他的還有香菸、飼料等，進口原物料後加工外銷，此加工貿易是荷蘭的強項。

此外，荷蘭也是歐陸的轉運站，來自西班牙等地的南歐蔬菜都匯集於此。荷蘭是轉口貿易的重要據點。

為了在歐洲立足

轉口貿易之所以可行，荷蘭的地理位置是重要的關鍵。

荷蘭位於萊茵河等大河的出海口，鹿特丹是條件不錯的深水港，荷蘭得以很輕易地從非洲等歐洲國家以外的地區進口農產品。其國土的地形平坦，鹿特丹的地理位置很容易透過陸路交通，與歐洲其他人口眾多的城市相連結，於是鹿特丹便成了歐洲的對外門戶。當然，從鹿特丹也可以利用海運向英國、北歐等國輸出商品。

荷蘭的貿易對象中，百分之八十的農產品外銷到歐盟（ＥＵ）各國，包括德國，很早以前就是荷蘭的貿易夥伴，荷蘭外銷的農產品有四分之一賣給了德國，其他依序有比利時、法國、英國等國。另外，荷蘭進口的農產品中，有六成是來自歐盟各國。

歐盟（ＥＵ）起源於一九九三年十一月，至今共有二十八個會員國。歐盟在一九九八年五月成立了歐洲中央銀行，隔年一月開始發行單一貨幣「歐元」。即使歐盟各國之間享有貿易免稅，荷蘭依舊貫徹以外銷為導向的農業路線。

不過，歐盟境內的免關稅是一把兩面刃。

歐盟其他國家有可能生產出比荷蘭更好、更便宜的農產品，荷蘭終有一天會面臨競爭對手。正因為如此，荷蘭很注重農業的研發工作。

荷蘭國內有六座由園藝生產者、研究機構、相關企業集結而成的 Green Port

園區。我參訪了其中一座位於威斯蘭（Westland）的植物工廠。

威斯蘭在鹿特丹近郊，以前這裡就有很多溫室，因此有「玻璃的街道」之稱。威斯蘭名副其實，大型玻璃溫室櫛比鱗次。以前威斯蘭多半是個體農戶，隨著一次又一次的農業集約化，現在都成了規模很大的企業。

荷蘭的農業之所以勝過西班牙等國，正是因為這種規模化的經營。有了經濟規模，便可帶入自動化的作業系統，提升生產效率並減少人事成本的支出，生產成本因而降低。

在威斯蘭也有品種改良的相關研究，「我們以十五年為一個時程，先興建園藝設施、拓展道路等基礎建設，當這些目標達成之後，才進入下一個階段的計畫。」負責導覽的人員說道。

威斯蘭依照這些中長程的計畫一步步地拓展，現在已進入「創意產業」（Creative Industry）的發展階段。

「創意產業」是指威斯蘭地區的農業和其他非農業相關產業的結合，例如歌手女神卡卡（Lady Gaga）的舞台服裝，以新品種的花卉為創作基礎，世人就會因為她而注意到這些新花，進而促進花卉的銷售。

這種方式和以往的農業、農戶都不相干，是全新的商業模式。

畢竟農業這個產業無法靠一己之力就能成長，需要各行各業的專業分工，才能維持領先的優勢。

用二氧化碳對植物施肥?!

威斯蘭的農業也試著將造成地球暖化的二氧化碳導入農業生產，靠農業來減少碳排放。

在威斯蘭，工業工廠所排放的二氧化碳被引入玻璃溫室中，供給植物成長所需的光合作用。

還有，威斯蘭地區的地底下有攝氏八十五度左右的溫泉水脈，利用地底下一百到兩百公尺的地方作為溫水的儲水槽，成為玻璃溫室加溫熱源。現在，威斯蘭正思考將溫水供應給附近的住戶當暖房使用。〔譯按：即「地源熱泵」（Geothermal Heat Pump）的應用計畫〕

在其他方面，還有一項種菜同時進行魚類養殖的「魚菜共生」計畫。利用植物的果實來餵養魚，魚所排放的糞便和養液調配後可供應植物成長，形成食物鏈的循環系統。在具體的運用方面，其中一項試驗是番茄和南洋鯽（譯按：在台灣稱為吳郭魚）的混養，還有一項是利用下水道的家庭廢水進行植物栽培的實驗，此外還有各種試驗計畫，讓我大開眼界。

有些研究報告指出，地球總人口將在二〇五〇年時達到一百億人，到了那個時候，人類的食物來源要如何取得？這是許多人正在思考的宏觀問題。

客觀來看，在政府和農戶的關係上，荷蘭和日本根本就不一樣。

「日本與荷蘭最大的不同在於，日本的農業被當成選票，和政治勢力有太多牽連。雖然政府提供很多補貼和優惠，但這是打從心底瞧不起農業，把農業當成弱勢產業在看待吧。」一位荷蘭的農業相關人員如此評論日本的農業。

當然，荷蘭也有農業的補貼政策。然而，不管是農戶總收入和補助款的比例，或是淨利與補助款的比例，補助款所佔的比重都很低。荷蘭的農業補貼是用在「硬體的折舊」方面，也就是說，這些補助款是為了資本密集型農業而設計的，用來分擔農戶在設備投資上的金流壓力。換句話說，荷蘭是為了創造長期的利益而發放補貼。

但日本不是這麼一回事。

另外，從政府的預算來比較，荷蘭和日本的研發預算都約為億美金左右（根據二〇〇九年的資料），近年沒什麼變動。但日本總預算的金額是荷蘭的四倍，可知荷蘭在研發上投入多大的努力。

地表最強的荷蘭農業也不是沒有弱點。

荷蘭的農業是非常極致的業態，專為高收益農作物打造，追求高效的農業經營模式。

因為荷蘭在歐盟的地理優勢，而導致這個現象，也因此造就了世界排名第二的農業出口產值，但不能因此認為荷蘭的農業競爭力在世界排名第二。

荷蘭鎖定了少數的農產品項，如同將雞蛋放在同一個籃子裡，其風險勢必提升。

例如番茄這個品項，荷蘭後面有西班牙、波蘭等國緊追在後。今天若和西班牙的番茄比較，在鮮度、品質等方面，荷蘭都略勝一籌。

不過，若觀察荷蘭的超市，就會發現能挑選的東西並不多，不像日本有很多東西可以挑選。也就是說，在荷蘭超市找不到日本有的，高甜度、高茄紅素等比較特殊的番茄品項。日本的番茄有些像水果一樣甜，但荷蘭不重視這類高附加價值的品項。

話雖如此，日本還是要學習荷蘭農業的效率和合理性。

荷蘭的設施栽培有百分之九十是利用電腦來操控生長環境，而日本在這方面僅只有幾個百分點而已。

我一直無法理解，為何日本在電腦控制這種高科技產業的進展如此緩慢。然而，在資訊科技這種講求細微控制的領域，明明是日本的強項。

另外，身為第一線生產的農場，荷蘭會與周邊的機構結合，形成一條緊密的合作網絡。例如，德國是荷蘭最大的出口貿易國家，荷蘭便需要專門的研究機構去分析德國的市場動態。

因此，在瓦罕寧恩大學、荷蘭政府、歐盟等這類在農業「產、官、學」的合作上相當緊密，尤其是在提供民間農戶的顧問諮詢、栽培系統或市場動向等技術指導方面。

日本並不存在農業諮詢顧問這種角色，和農民往來的銀行當中或許有這種人，但也屈指可數吧。

第四章

誰扼殺了稻米？——弱化日本農業的「農協」與「補助款」

決定米價的那隻手

我們回溯日本的農業發展史。戰後不久，日本以極快的速度復甦。經濟起飛，工商業的收入開始超過農家的所得，以農村為票倉的自民黨開始有了危機感。

當農業的生產回到戰前的水準，糧食增產的目標達成之後，卻有人開始擔憂農業預算將會削減。

《農業基本法》原本要輔導稻農轉作乳業、畜牧、蔬菜等項目，但法案正式實施後卻過度保護稻農，與原先立法的宗旨大相逕庭。

稻米原先被當成期貨商品，但作為主食的稻米若價格波動太大，將會衝擊民眾的生活。日本在一九一八年因米價暴漲，而導致全國各大都市發生民眾暴動的事件，日本政府便趁這次機會將稻米價格收歸國家管制。

稻米價格低時買入，價格上漲時釋出。二戰爆發後由於日本糧食短缺，一九四二年便實施了《食糧管理法》，每戶依人口配給定量的米。

二戰結束後糧食在短時間內無法恢復供給，於是繼續沿用《食糧管理法》，維持基礎的民生需求，直到恢復至戰前的生產水準。一九四五年，日本國內的米價只有國際價格的一半。到了一九五三年，國內的米價還是被抑制在國際價格之下。

此後，問題開始浮現了。

《農業基本法》制定前一年，一九六〇年，日本以「補貼生產者收入」的方式重新計算白米價格。

之所以採用這個辦法，是為了保障稻農的收入，也可藉此提高白米的收購價格。

然而，這只是調控經濟的手段。稻米的價格的計算方式，是以勞動時間乘上勞動薪資，但這個勞動薪資並不是比照鄉下的工業、建築業勞工的薪資水準，而是採用都市大公司白領階級的薪資水準。也就是說，稻米的價格被大幅度灌水。

在大公司裡，薪水會隨著業績而提升，米價也因此調漲。乘著日本經濟起飛的浪潮，米價上漲已與農民的收入毫無關連。實際上，在一九六〇到一九六七年之間，稻米的收購價格平均每年以百分之九．五的幅度調漲。

僅止於保護稻米的農業政策

歷經高度的經濟成長期，日本人的飲食習慣有很大的改變。白米的食用量減少，麵包等小麥類製品的需求大幅增加。因此，日本大量進口小麥類的穀物。然而，日本的農業政策只保護稻米的立場卻不曾讓步。

當然，從此農業政策開始變得畸形，一九六八年以後制定的農業政策都是為了平抑稻米生產過剩。

一九六九年起，政府不再經手稻米的流通，改由全國農業協同組合（ＪＡ全農）收購後再販售給中下游的零售商，這就是「自主流通米」制度的起源。從這裡開始導入了市場需求總量的概念，藉以減輕糧食管理制度的會計負擔。不過，這種急就章的制度根本無法發揮應有的效果。

因此，一旦出現了要檢討「減反政策」的聲音時，必定會引發農民強烈的反彈。

戰後的糧食管理制度廢止，這讓JA全農傷透了腦筋。根據「減反政策」的規定，全國各地都必須減產一成稻米，而政府以每分地四萬日圓以上的補助款來抑制農民的反彈。

在一九六九年日本全國大選中，針對減反政策，自民黨承諾將以補償金處理，而獲得全農的支持。不過，大藏省在選後提出的方案卻是每分地兩萬一千日圓，全國共計七五〇億日圓的補助方案。後來在自民黨幹事長田中角榮的運作下，每分地的補助款提高到三萬五千日圓，減產的稻田面積也從一五〇萬公噸下降到一〇〇萬公噸，剩下的五十萬公噸的農地則變更地目轉變為住宅等用地。

為了保護國產米而開放進口米

我對GATT烏拉圭回合的談判仍記憶猶新。

經世人的反省，國家自身的極端保護政策、經濟的區塊化是導致第二次世界大戰的原因之一。一九四七年，二十三個國家共同發起了「關稅及貿易總協定」，也就是General Agreement on Tariffs and Trade（GATT，簡稱關貿總協）。隔年完成了組織章程的起草。日本在一九五五年加入總協。

GATT的宗旨在於多邊貿易的國際談判，協議降低關稅的稅率。一九八六年在烏拉圭的埃斯特角城（Punta del Este）召開了內閣幕僚會議，自此開始的國際談判通稱為「烏拉圭回合」或「烏拉圭協議」。

「烏拉圭回合」談判的項目包含農業、紡織、服務業、智慧財產權等，對十五個項目進行談判。在農業部分，各國達成降低保護自己國內農業的共識。

當年的時空背景是歐洲和美國在農產品貿易上對立。一九八〇年代，歐洲從穀物的進口國轉變為出口國，與美國就成了競爭對手的關係。不論是歐洲各國或美國，雙方都為了有利農產品出口而進行農業的補貼政策，如何消除這些出口國的政策性補貼，就成了談判的重點。

這裡當然也包括進口國的關稅額度。

美國在農業項目的談判過程中，極力主張廢除非關稅的壁壘，改成關稅課稅，並逐年降低關稅的額度。

所謂「非關稅壁壘」，是指關稅商品以外的貿易限制手段。國家在進口時會限制進口數量並課以附加稅，常伴有繁瑣的行政和檢疫程序，也包含保護或扶植國內產業相關的補貼政策。

日本和美國之間的問題也包括了「稻米」。日本的稻米如前所述是由國家統一定價，這違反了自由貿易和自由市場競爭的原則。

日美雙方在稻米保護的議題上討論甚久，日本開列了許多條件，要求美國認可具某些特殊條件的農作物不列為關稅化對象。但是，雙方做了條件交換，日本必須擴大最低進口量。也就是說，日本必須開放一定配額的稻米進口。

同時，日本在開放配額稻米後，還承諾對國內不輔導稻農轉作。

日本國內的稻米已生產過剩，應該進行轉作等生產調整。不過，政府在這些配額的美國稻米進口後卻未進行生產調整。

這些價格低廉的配額稻米勢必擠壓國產米的生存空間，所以日本將其中一部分加工使用，其餘的有些當作畜牧業的飼料販售，有些則充當國際救援的物資。

換句話說，政府為了保護國內稻米，不得不開放進口市場不需要的稻米。但是，這些對應的措施卻走歪了。

「All 農林族化」的議員

烏拉圭回合談判（一九八四年九月至一九九四年四月）有了共識之後，日本政府在一九九三年十二月成立「緊急農業農村對策本部」，一九九四年十月完成了「烏拉圭回合農業合意關聯對策大綱」。大綱中提及「因應農業協議與新的國際環境，以建構富足農業、農村為目標」，共匡列了六兆一百億日圓的發展預算。這份文件完成後，隔月召開國會臨時會來審議，由國會追認烏拉圭回合談判的協議。

烏拉圭回合談判的產業調整經費，農水省和大藏省一開始只編列了三兆五千億日圓，沒想到在兩天後因政治考量而翻了一倍，遽增到六兆一百億日圓。

對於政府的奇怪行徑，當時媒體以「All 農林族化」、「政策裡藏有荒謬的數字」等字眼，強力批判政府對農業選票的買票行為。

關於對策的預算中，最大的項目是「農業農村整備事業」，佔總預算的百分之五十二．八，依規定用於「建立高生產性農業與中山間地區的農業活化」，但後來卻證明這筆錢根本未使用。

到了二〇〇九年，民主黨提出「農民每戶所得補償制度」的提案，獲得廣大的迴響，也因此拿下了政權。

這項制度是補貼農民在農產品售價與生產成本之間的價差，只是這個「生產成本」要如何計算，至今依舊存在著爭議。

關於這個生產成本，山下一仁曾在 *Economist* 週刊「二〇一〇關鍵字預測」專欄裡說明了計算方式：

「在稻米方面，幾乎所有的農民都參與了減反政策，因此必須補償他們在生產成本和售價之間的差額。以每俵六十公斤的稻米為單位，農民的生產成本為一萬六四一二日圓（根據二〇〇七年度的數據），農民出售稻米的價格為一萬兩千日圓左右。農民明知售價不敷成本，卻仍繼續生產，正是因為這個虛構的生產成本。肥料、農藥、農機代耕、地租等實際花費為九千四百日圓，農水省以農村建設業或製造業的從業人員的時薪乘以農作的勞動時間，計算出的人事成本約為五千五百日圓，將其加上前述花費後即為生產成本。雖然民主黨宣稱人事成本打八折計算，但林林總總的生產成本也要一萬五千五百左右。以這個數字與一萬兩千日圓的價差，乘以單位面積收穫量，然後換算成單位面積的價格，就是戶別所得補償的單價計算。」

也就是說，這是以底限提高後的生產成本為依據所實施的補貼政策。

農業等同於國家的生命線，許多國家都用稅金來維護自國的農業，但相較於美國或歐盟各國，農作物的品項和數量都是由農民自己決定，對於過剩的農產品予以補貼，以較低的價格外銷到國際市場。但日本卻反其道而行，也因此日本的農業成了必須倚賴政府、不堪一擊的產業。

農協的功能到底是什麼？

農業與政治是農協不可或缺的基本盤。

農協的角色有廣義和狹義的說法。

廣義上，農協是農業從業人員所組織的團體（協同組合），不以營利為目的，而是注重成員之間的互助合作。

狹義上，農協是以「全國農業協同組合中央會」（簡稱ＪＡ全中）為核心的

ＪＡ集團。這個由全國地方農協所組成的集團，實際上經手許多販售的業務，從農業生產到儲運、加工，還有與農業沒有直接相關的金融事業，以及日常生活相關的各種業務。

ＪＡ全中負責各地方農協與連合會的指導、監察、推廣活動等事務。負責販售、買賣等經濟事業的是全國農業協同組合連合會（簡稱ＪＡ全農）。

ＪＡ全農的網站首頁上有這樣一段說明：「ＪＡ全農為權責ＪＡ集團內的農畜產品販售、農業資材供銷等經濟事業的組織。透過經濟事業維護ＪＡ的營運，以ＪＡ成員的農業振興、社經地位的提升為努力目標。」

負責保險事業的是全國共濟農業協同組合連合會（簡稱ＪＡ共濟連），醫療相關業務則由全國厚生農業協同組合連合會（簡稱ＪＡ全厚連）負責。另外還有負責農協、漁協存放款業務的農林中央金庫（簡稱農林中金）。

根據二〇〇六年的數據，農業生產總額為八．五兆日圓，這個數字只不過是

GDP的百分之一。然而，農家戶數共兩百八十五萬戶，農協職員三十一萬人，農協會員有五百萬人，準會員有四百四十萬人。換句話說，這些農協的職員、會員、準會員就佔了日本總人口的一成。二〇一三年，全農的營業額達到五兆八百億日圓。

JA的正式會員必須是農業從業人員，各地方農協都會依耕作面積、農業從事日數等明文規定正式會員的資格。非農業的從業人員只要繳交一定金額的費用就能加入成為準會員。

順帶一提，松下電器（Panasonic）前幾年的營業額是九．一兆日圓，員工不到三十萬人。相較之下，JA集團的規模雖龐大，但營業額低落，實在不成比例。

前面提到的山下一仁曾在《農協的大罪》一書中提到，農協、農水省、農林族議員（包含農水省退休官員），這個日本農政鐵三角就是讓日本農業向下沉淪的因素：

「農協為了維護組織的存續，必須維持一定的農家戶數。由於兼業農民眾多，比起專業農民的權益，農協反而更加注重兼業農民的權益與人數。對於執政黨的政治人物來說，為了不在選舉中落敗及維護自己的執政地位，緊握這些農民的選票以便勝選，就成了他們的目的。對農水省來說，為了持續爭取農業發展的預算，也必須迎合執政黨政治人物的需求。於是，執政黨、農協、農民就成了各取所需的利益結構。」

在日本經濟起飛的那段期間，這個鐵三角的利益結構還可以存在，但今天的日本已經無法接受鐵三角的存在了。

以副業支撐本業的農協

根據農林水產省發表的「農業協同組合現況統計」，一九六一年時全國共有一萬二〇五〇個農協單位。這個數字後來急速減少，到了二〇一一年只剩七百四十一個。翻開這些農協的帳本，多數農協的「經濟事業」是赤字，「信用事業」和「保險事業」為黑字。換句話說，本業的虧損都是靠著副業的盈餘來填補。

二〇一四年五月，規制改革會議的農業工作小組所提出的「農業改革的建議」當中，有一條項目寫到「農業協同組合的再造」，內容概要如下：

一、中央會制度的廢止

為了發揮各地農協的獨自性，讓其自主決定各地方農業的發展，因此調整組織結構，修正農協法，廢止中央會的制度。

二、全農的株式會社化

為了提高管理效能，因應全球市場的競爭，而將全國農業協同組合連合會轉變為株式會社，意即組織企業化。

三、協助各地方農協的專業化、健全化

為了讓各地方農協能專注於農產品的販售，成為生產者們的有力後盾，收放款的信用事業則移交給農林中央金庫（業務中止或由其他金融機構代理），保險事業則由其他保險業接手。

四、組織形態的重整

將各地方農協、連合會等組織依功能分割，重組為株式會社、消費合作社、社會醫療法人、社團法人等組織。

五、理事會的重組

理事可由外部人士擔任，以使其多樣化。專業的農業從業人員或當地具有民間經營經驗且有一定成績的人皆可擔任。

簡單來說，就是廢除中央會（ＪＡ全中）制度、ＪＡ全農的企業化、協助各地農協專注於農業生產這三大面向。

以往農民負責耕種作物，由農協負責運銷事務。農民在栽培中所需的肥料、曳引機等則由農協共同採購，以降低購入成本。

但不知從何時開始，農民與農協的關係變得很奇怪，演變成農協的組織越來越大，員工越來越多，農民的獲益越來越少，這種本末倒置的情況。

勇於冒險的梨北農協

農業工作小組主席今丸恭文曾指出農協的問題：

「以一般的商業模式來說，由買賣雙方共同承擔風險和成本，才能共享營利。不過，農協完全不用承擔生產的風險，只是收取相關的手續費用。一般認為，若要共享利益，農協應該比農民更先承擔生產的風險。但事實上並非如此，農協必須先維護眾多職員的人事費用，在這個基礎上，農協應該是一個代替農民、將農產品賣出更好價錢的組織。」

可惜JA全中並不是這樣的組織，而只是一個轉售農產品的零售業者。

「農協的不振也給了其他人機會，像是伊藤洋華堂（Ito Yokado）、7-11、LAWSON等零售商。他們自一九八〇年代起就以資訊科技設備強化自身的營銷能力，彼此之間的競爭從未停歇過。什麼樣的客人上門、買了什麼東西、買了什麼不同類型的東西、來店的頻率、消費金額的區間，這些資料都被仔細收集並分析運用，想在商業談判中贏過他們，根本是不可能的事。JA全中身為農方，代表著農民的利益，必須以更精良的農業資訊管理作為武器，以便在商業談判中站穩腳步。遺憾的是，ＪＡ全中似乎並從未朝這方面努力。」

雖然過去ＪＡ全中有相當的貢獻，但農業若要追求更好的發展，此時必須回頭盤點ＪＡ全中的角色與責任。農業必須集結眾人的力量，與周邊產業協同，這也是「農業協同組合」的初衷與精神。

金丸恭文告訴我，其實地方的農協中有許多經營成效優越的農協組織，例如山梨縣的梨北農協。

梨北農協當地的稻米是由農民自己定價，農民與農協共同決定售價，在販售過程中營銷的風險則由梨北農協承擔。

「南九州的畜牧業發展得非常好，有的農協在畜牧業上投入了許多心力，例如熊本農協。佐賀縣把佐賀牛成功塑造成知名品牌，靜岡縣三日（Mikkabi）町農協的蜜柑也成了頂級蜜柑的代名詞。信手拈來就有好幾個經典案例。」雖然金丸恭文無法一個個了解現況，但他相信具有靈活與韌性的農協並不在少數。解散ＪＡ全中，讓各地方農協有更自由的發揮空間，金丸恭文贊同這個解決的方法。

此外，如前文提到荷蘭的案例，其農業的技術正向上躍昇一個等級。不過，日本的農業在技術提升、產業升級方面卻一直沒有進展。

說起產業競爭，最激烈的莫過於金丸恭文所處的便利超商業界。他們不斷削減成本，在商品管控上的執行非常徹底。相較之下，停滯不前的ＪＡ全中完全不是對手。

在採訪的過程中，一些年輕的農民也告訴我，他們多半不依靠農協，而是自己親手開闢銷售通路。

今天，有些人靠著網路購買農產品。消費者也想知道是什麼人種的菜和怎樣的生產方式，以及一些專業知識，消費者也想進一步知道生產者的相關資訊。

因此，憑藉著自己種的農產品，生產者和消費者之間有了對話的契機。

農協身為農民的夥伴，不能單單只是一個經手交易手續費的仲介，必須具有更專業的技能，讓農協與農民的收益都能顯著提升。

在先進國家中，日本的糧食自給率明顯低落

因為在糧食安全保障的考量下，農業被當成日本的聖域。

《會長島耕作》一開始選擇從農業的主題切入，其中一個原因是聽說日本的糧食自給率很低，在熱量計算方面僅僅只有百分之四十，這個數字在先進國家中敬陪末座。

在地球逐漸暖化、各地的氣候出現異常的情況下，我們應該在全球的糧食生產上做最壞的打算。若原先的糧食輸出國停止輸出，日本將陷入危機。

日本國內的製造業都已外移，我認為這正好是國內農業的發展機會。但是，在做過功課後，我注意到這個以熱量為計算基礎的自給率數字有一些問題。

日本的「糧食自給率」有兩種，一種是以熱量來計算，另一種是國內農產品的生產總額來估算。以熱量來計算日本的糧食自給率是百分之四十，若以產量來計算則是百分之六十六。

不管哪個數字都不好看。

以熱量來計算，像是牛肉、豬肉、雞肉、雞蛋等畜產品，即使在國內養育，但因為牠們吃的是飼料原料都來自進口，因此在熱量上不能算是「國產」。以雞肉為例，雞隻飼料的原料有很大的比例是進口，以生產總額來計算的話，日本的雞肉自給率為百分之六十六。也就是說，在日本的雞肉當中有百分之六十六是國產，百分之三十四是進口。但以熱量來計算，日本的雞肉自給率就只剩百分之八。在雞蛋的部分，以生產總額計算是百分之九十五，以熱量計算則只有百分之十。

如果是以熱量來計算，自給率的數字往往和真實情況有巨大的落差。像蔬菜類由於熱量極低，不管種了多少菜，在統計數字上都很難提升。

另一方面，生產總額是以金額來計算。例如在雞肉方面，國產雞肉的總金額扣掉進口飼料的金額，就是以生產總額來計算的雞肉自給率數字。當進口飼料便宜時，雞肉自給率的數字會大幅提升。若以熱量來計算，進口飼料飼養的雞肉最終在帳面上的數字是零，與真實的情況不符。

淺川芳裕的《日本是世界第五大的農業國：天大謊言的糧食自給率》這本書中有這麼一段話：

「政府和農水省都說：『國產的農漁牧產品不到一半，萬一哪天進口全都中斷，國民將陷入飢荒受苦的狀態。因此，我們必須將民眾的糧食安全視為國本，將糧食自給率提高。』

不過，這個說詞裡所引用的糧食自給率，卻只是經過包裝與挑選的話術。回頭看國內的超市，架上陳列的農產品絕大多數是國產，一年四季都陳列了充足的品項，供民眾挑選，品質上大都令人滿意。話說回來，現實的情況卻是生產過剩，稻米的減反政策持續了四十年以上，田裡的蔬菜常常沒人採收、任其荒廢。這個自給率的數字與現實世界脫節，農水省挑了這麼一個數字來說明，只是意圖讓民眾對糧食有危機感而已。」

在淺川芳裕的著作中，日本的自給率百分之六十六是以生產總額來計算，在主要的先進國家中排名第三位。

糧食過剩的先進國家

若是從糧食安全保障的角度來看，我認為必須仔細思考「自給率」這個數字的意義。

如果日本遭到封鎖，民眾便有國內的農產品可吃吧。日本的米是足夠的，加上四面環海，單靠米和水產品是否夠吃呢？

在糧食安全保障的議題上，我認為自給率需要創造新的指標。

而且，不只日本，許多先進國家都有食物過剩的問題。

在超級市場或是便利商店裡，那些過了賞味期限的便當即使還能食用，依規定還是必須丟棄。雖然這是嚴格品管的企業責任，但有時覺得這是不是過頭了呢？

還有結婚宴客、餐廳、自助餐廳剩餘的食物，真是很大的浪費。而且在一些吃到飽、大胃王的電視節目裡，經常為了節目效果而端出非常大盤的料理。

淺川芳裕先生曾說，以熱量來計算的糧食自給率的分母——超商食品工廠丟棄的、速食店和家庭餐廳等外食產業、一般家庭的剩餘食物，這些熱量並沒有被食用，佔了日本全國總供給熱量的四分之一。

這些剩餘食物有一千九百萬噸，是日本農產品進口量五千四百五十萬噸的三分之一以上，相當於世界糧食援助量六百萬噸的三倍以上。

殘餘、浪費的食物數量如此驚人，如果真的要在糧食自給率這個數字上糾纏，那麼也該把國內食物浪費的項目列入計算，這對一般民眾來說才真正具有教育意義吧。

在日本，「もったいない」這個詞是指惜物、不要浪費的意思。但以食物來看，日本人說的是一套，做的又是一套。減少浪費食物，才是確保糧食安全的作為。

第五章
攻擊型的農業才會讓日本復甦——「獺祭」、「近大鮪魚」的經典案例

在巴西闖出名號的 Yakisoba

在國外我常聽聞自己國家厲害的地方。

幾年前，因為《島耕作》漫畫考察的緣故，我去了巴西。巴西第一大城聖保羅的自由區（Liberdade）有條東洋街，自由區中心有個廣場，在週日的市集裡

有一個寫著 Yakisoba 的攤位。

對，就是日式炒麵。

攤位裡，穿著法被（半袖和服）的人站在鐵板後方炒麵，排隊的人絡繹不絕。有趣的是，不論是炒麵或排隊的人，都不是我們熟悉的日裔或東方面孔。在地球遙遠的那一端居然有這麼多人愛著炒麵，這著實令我驚呆。

巴西自建國以來吸納了許多移民，最早來到這塊土地的是來自殖民國的葡萄牙人，後來從非洲運來許多黑人勞工。十九世紀中期廢止了奴隸貿易制度後，許多歐洲人也移民到巴西，如義大利、德國等。

進入二十世紀後，敘利亞、黎巴嫩緊接著日本人也大批遷徙到了巴西。日本人開始移民巴西是從一九〇八年開始，真正的移民潮則是在關東大地震之後。

當時日本因關東大地震（一九二三年九月一日）而國力衰弱，民眾渴望前往更好的地方討生活。那時巴西因為咖啡經濟帶動了一波景氣繁榮，爭相走報下，開始有人前往巴西的咖啡農場工作，打算賺足了一桶金後回國。

只是當他們到達巴西的時候，咖啡的榮景已經消退。此時，這些移民者心中仍然盼望著回歸母國的一天，咬緊牙根在農場裡辛苦地勞動著。

直到二戰結束，日本宣布戰敗的那一天，這些移民得知日本因為空襲和原子彈的慘狀後，幾乎都放棄回國，打算永久在巴西長住下去。

這些移民為了讓下一代接受更好的教育，許多人離開了農場，向大都市聖保羅移動。當時聖保羅自由區有一座專門放映日本電影的電影院，日本移民便以此為中心落腳在這裡，後來這裡也成了日本人聚集的日本街。

之後，附近的中國人和韓國人逐漸增加，自由區的日本街也慢慢改稱為東洋街。

今天，自由區街上約有三百家日式料理店，拉麵屋、壽司屋、居酒屋、定食屋等，餐飲相當多元，想得到的日本餐飲應有盡有。

我在這裡用「日式料理」，而不是「日本料理」，是因為巴西這些店的風味和我所認知的日本料理並不一樣。

為我帶路的人對我說，很多餐館外頭雖寫著日式餐飲，但經營者很多是中國人或韓國人。在巴西，日式餐飲被視為一種時尚，大家都想循著這個印象來開店做生意。

日本農業的另一條出路，或許就是向這些「和食」——日式餐飲普及的國家——輸出食材。

所謂「和食」，正是我們代代相傳的歷史。湯汁的纖細、口感等，我們應該向外人傳遞這些正統文化，讓外人模仿與學習。

這可與外銷型的農業緊密結合在一起，唯有創造新的需求，未來的路才會更寬廣。

世界知名的日本酒「獺祭」

對於「創造新的需求」這個論點，我們可用「獺祭」來借鏡。

獺祭在日本國內的人氣當然不用多說，在紐約、巴黎也被視為「最熱銷的日本酒」。二〇一三年六月，安倍晉三首相曾以獺祭來款待訪日的法國總統歐蘭德，許多人至今都還有印象。獺祭是在日本境外名氣最高的日本清酒。

值得一提的是，製作獺祭這支清酒的旭酒造，原本不是全國性業務的大型酒廠。而且獺祭開始販售是在一九九〇年左右，那時旭酒造的規模在我的故鄉山口縣岩國地區只排名第四，是一間非常小的製酒廠。

當時的日本酒市場正逐年萎縮，可說是每況愈下的夕陽產業。

這也難怪，我這個世代開始喝酒是在大學時代，在我們的觀念裡，日本酒是老人家喝的東西。

當年我們喝的是威士忌，像是三得利的 Red、Nikka 的 Hi，稍微有錢的人就喝三得利的角瓶。出社會後，皮夾裡的鈔票多少有些增加，就改喝進口酒，即使如此，喝的還是威士忌。在泡沫經濟時期，銀座的夜總會和酒吧裡賣的也都是威士忌。

之後，我喜歡上葡萄酒，開始接觸日本酒是在這之後的事了。

若不看原料只看製程，葡萄酒和日本酒都屬於釀造酒。當葡萄酒開始在日本流行時，或許正是這股風潮給了日本酒重返舞台的機會吧。這些來自國外的葡萄酒，最後卻幫了日本的傳統釀酒一個大忙，這或許聽起來相當不可思議。

說到獺祭的成功，我曾經採訪過旭酒造的櫻井博志社長。

一九八四年，櫻井博志在父親驟逝後接下社長的位置，當時旭酒造上下都瀰漫著非常低迷的氣氛。

「我們的酒廠在岩國只排名第四。為了鋪貨到附近的商家，不得不大幅度降低售價來販售。關於這點，員工們也一致認同。」

櫻井社長認為，日本酒之所以賣不出去，是因為民眾對酒的「機能性」要求產生變化的緣故。

「在我們小學時，木匠一天的薪資大約為五百日圓。在當時二級酒每公升要價五百日圓，相當於他們工作一天的薪水。以前只有在賞花季節，大家才捨得花錢買酒，喝得酩酊大醉。日本酒在當時非常昂貴，後來酒價一直滑落，日本酒的需求量也不如以往。儘管如此，許多酒廠還是認為民眾對日本酒有很大的需求，因此一直沿用同樣的產能來製酒。」

櫻井社長想要的是一支能夠沉浸在微醺中的酒，因此創立新的品牌，就是獺祭。

工廠？大樓？都是不是，是酒窖！

製作獺祭的旭酒造酒廠位於岩國市的郊外，離它最近的車站是JR岩德縣的周防高森站。從那裡搭車，在蜿蜒的山路上行進九公里之後，一棟四層樓高的建築物在眼前出現（一棟在二〇一五年五月蓋好的十二層樓高的建築物），這裡就是旭酒造的酒廠。

沿途上，我注意到許多貼著其他縣市標示的遊覽車。酒廠的旁邊就是商店，這裡販售每日限定數量的獺祭。由於獺祭對外鋪貨的店家和數量有限，不是輕易就能買到的珍稀品，因此很多人特定跑來山裡買酒。

說到日本酒的酒廠，相信很多人的印象就是木造的建築物，裡頭有並排而立的酒桶。但旭酒造的酒廠是一棟四層樓高的建築物，裡頭是嚴格控管溫濕度的空間，簡直就是「工廠」。

旭酒造最大的特徵是沒有杜氏。杜氏是負責釀造日本酒的職人集團，對於旭酒造竟然沒有傳統釀酒的核心人物，櫻井博志社長在他的著作《逆境經營：如何把深山的地酒「獺祭」送到全世界的逆向思考法，Diamond社）中寫道：

「在地特色啤酒開發碰壁後，當地就謠傳『旭酒造要倒了』，杜氏在隔年的製酒期沒有回來。他帶著下屬到別的酒廠去了。」

在製酒期以外的時間，杜氏從事農業類的工作。櫻井社長原本認為一整年都能工作，可以阻止杜氏團體的高齡化，因此投入了在地啤酒的開發，沒想到結果適得其反。

後來，櫻井社長廢除了杜氏制度，他和四個沒有製酒經驗的員工同心協力，開始了釀酒之路。

櫻井社長認為，其實日本酒的製程極為簡單。

首先，按照教科書上純米吟釀酒的作法來製酒。發現這樣的手法明顯比杜氏做的酒好喝。這樣的差異在便宜的品牌酒上也是如此。

比起職人的經驗或感覺，應該更加注重基本工，這就是櫻井社長堅持的態度。比起經驗和感覺，旭酒造更重視數據。

以製酒第一階段的洗米來說，這些米在搬入酒廠之前，在米廠精米的過程中因摩擦熱而流失水分。為了讓這些米順利精輾，必須讓米再次吸附水分。在這個階段，旭酒造藉由洗米的程序讓米溫下降。洗完米之後，為了確保含水率達到一定數值，這些米以每十五公斤為單位改用人工手洗與秤重。

雖然以機械操作更有效率，但含水量還是無法精準控制。即使是老師傅，憑著感覺也無法抓得很精確。旭酒造利用數據化管理，按步就班，根據不同的米質、氣候而調整洗米的程序和時間。

而且酒廠內部有嚴格的溫濕度控管，一年四季都能生產日本酒。

以東京市場為行銷目標

獺祭開始出現在市場上是在一九九〇年。

旭酒造原本以「旭富士」這個品名對外鋪貨，當地人還記得旭富士這支清酒。

然而，如果新造的清酒還是用原來的舊名，在售價上一定會被要求和以前一樣吧。而且在當時的商業習慣上，許多人認為必須用氣派的盒子來包裝才會熱賣。如此一來，又延續了以往失敗的作法。為了讓焦點回到這支新酒身上，於是更改了品牌名稱，外包裝也走簡單素雅的風格。

必須是一支全新的商品，這就是獺祭的起源。

在名稱上，用的是正岡子規的俳號「獺祭書屋主人」中「獺祭」二字。這個俳號是櫻井社長從司馬遼太郎《坂上之雲》一書中讀到的。而且旭酒造的地址是山口縣岩國市周東町獺越（おそごえ），因此他特別想用這個「獺」字來命名。

獺祭的特別之處在於，從一開始就瞄準東京市場，而不是當地或鄰近的山口縣和廣島縣。至今，旭酒造的獺祭有百分之四十送往東京首都圈（大東京地區）。

不僅限於國內，獺祭在二〇〇〇年時也向海外市場進軍，銷往二十多個國家。「獺祭」的品名令人印象深刻，「Dassai」對外國人來說也容易發音，正因為如此，獺祭在紐約、巴黎等地的業務推展很順利。

當我參訪時，在酒廠旁的事務所內看到了國外的鋪貨資料，旭酒造雖位於岩國的山裡面，做生意的對象卻是全世界。

我問櫻井社長，獺祭能在海外順利推展的祕訣是什麼？

「最簡單的方式就是直接與通路商說明。我們認為獺祭在紐約一定推得動，在賣出去之前我們會做一切努力，絕不輕言放棄。但如果產品真的推不動，我們就會立即尋找其他通路，也不要浪費雙方寶貴的時間。」櫻井社長如此回答。

說穿了，就是對酒的品質有絕對的信心。因此，在行銷上也要非常努力，旭酒造很明白地告訴通路商，如果產品賣不出去，這一定是你的能力有問題。所以，通路商會卯足全力來推廣。

至於「便宜就賣得動」、「折扣率提高就容易推廣」等舊有觀念，櫻井社長一點都沒放在心上。

酒廠和客戶之外，也需要「協力者」。

例如，法國料理很難與日本清酒搭配，如果不在料理上做調整，清酒永遠上不了餐桌。

一開始，櫻井社長與侍酒師溝通交流，但侍酒師沒有做料理的能力，到頭來還是得請主廚來試飲日本酒，讓他們充分理解日本酒的美味。

曾經有一位知名的廚師來到日本，當他喝到獺祭時感嘆道：「我往返日本三十多年，還不曾喝到這麼好喝的日本酒。」因此，這名廚師嘗試開發與日本酒相互搭配的料理。

全面導入資訊科技的技術

二〇一五年春天，獺祭的新廠落成啟用，產能是前年的三倍以上。

我對櫻井社長開玩笑地說，獺祭的價值不正是讓人買不到嗎？

「日本酒業界對於稀少性過度迷信，常把『夢幻般的酒』掛在嘴上。只是，如果買了三次都買不到，那人也會把你忘了吧。一旦供給無法滿足需求市場，品牌也將難以持續。你下單訂了一百支，但我只給你九十九支，有人就用這種方式行銷。在這方面歐美人玩得很精，但日本人玩起來就很彆扭，至少我很不擅長。」櫻井社長笑著回答。

獺祭這個經典案例值得日本農業學習的地方，在此一一列舉出來。

首先打破以往的慣例，捨棄「旭富士」這個品牌，重新打造「獺祭」這個新品牌。為了更符合市場調性與潮流，採用了簡單素雅的包裝風格。

而且在製酒過程中導入資訊科技的技術。

還有，維護日本酒的文化傳統，又不被老舊的觀念所箝制。

捨棄杜氏，改用空調管理，並興建一棟全年製酒的現代化酒廠。以前的酒廠經營者可能想不到這一步吧。

現在的廠房有冷氣和暖氣，可以全面控制室內的溫度，和以往必須在冬季天冷時才能製酒的情況不同。在酒精發酵的過程中也有溫度計等設備的監控，若出現異狀就能及時反應。製酒的過程中也無需搬移，在同一棟建築中就能從原料執行到發酵。

非常有效率的製酒過程。

最後，對自家產品充滿信心，將這項產品往海外推廣銷售。當然，在行銷方面也必須耗費一番功夫。

雖然日本酒和葡萄酒同屬於釀造酒，但與紅酒相比，日本酒的香氣並不強烈，因此日本酒容易與細膩的和食料理搭配。侍酒師田崎真曾說，和食配葡萄酒雖然感覺很時尚，但若喝了白酒再吃生魚片，有時會明顯感受到一股腥臭味。

正當日本向全世界推展優美的和食文化，和食與日本酒應該搭配在一起，我認為這就是日本農業的新商機。

酒米不夠了！

在採訪旭酒造時，我還是碰到了日本農業的陳年問題。

也就是製酒的原料——稻米的問題。

適合用來製酒的米又稱為「酒米」，這些製酒用的稻米品種經過篩選，它和食用稻米不同，在一般電鍋裡蒸煮後還是很難吃，尤其是冷掉後的味道會讓很多人受到驚嚇。

酒米的歷史非常悠久。

室町時代（一三三六—一五七三）在奈良菩提山正曆寺就已出現日本酒的基礎製程。在更早之前的平安時代（七九四—一一八五）也有資料顯示，正曆寺當時就有名為「南都諸白」的酒品。

現在可以確認的是，最古老的酒米是岡山縣的「雄町」品種。這是從江戶時代一八五九年被人發現後最高級的酒米品種。

獺祭等諸多日本清酒的原料米是「山田錦」，這是雄町的改良品種。

一九二三年，兵庫縣明石市的兵庫縣立農事試驗場將「山田穗」和「短稈渡船」等品種人工雜交，從子代裡找出表現最好的一支品種，並在一九三六年命名為「山田錦」，這也是兵庫縣獎勵推廣種植的品種。日本全國各地都種植了山田錦，其中八成集中在兵庫縣。

山田錦的特徵是可以當成「高精米」，以最少的研磨米粒製酒。精米就是將米粒研磨削減，除去外層蛋白質的部分，盡可能留下核心部位的澱粉質，供發酵釀酒之用。簡單來說，米粒削減的程度越高，越不容易產生雜味，酒味香氣也越清純。日本酒裡最高等級的清酒「純米大吟釀」，是以削減百分之五十以上的精米釀造而成。

獺祭有許多系列，其中人氣最高的是「精輾二割三分」這支酒。它的由來一如其名，用的是削減了百分之七十七，利用剩餘百分之二十三的中心部位來釀製。旭酒造在二〇一三年就用掉了四萬三千俵，相當於二千五百八十公噸的山田錦都用來釀酒。倘若新廠區也滿載運作，每年則需要八萬俵，也就是四千八百公噸的山田錦。

此時遇到了一個問題，山田錦的數量根本不夠。山田錦雖是製酒用的原料米，但和主食用的白米一樣，都要受到「生產數量目標」的總量管制。

一九九四年，《主要糧食需給與價格安定相關法律》（簡稱《食糧法》）取代了舊有的《食糧管理法》，並公告實施。雖然米價交由市場機制來決定，但農協還是有控制生產總量的權力。也就是說，為了維持一定的米價，稻米的生產總量還是被緊緊控制。

雖然沒有強制規定，但若遵循總量控管機制，農民就能從農協那裡領到交付金，意即對地補貼。相反的，農民若想生產控管量以上的稻米，農協就會給予「指導」和「關切」。

二〇一二年，經過好長一段時間，山田錦的需求量終於開始增加。雖然日本酒整體的銷售量持續減少，但獺祭等純米吟釀酒卻在市場大賣。

一開始山田錦就被定位為製酒用米，單價雖比食用米高，但農民的收益相對較好。然而，每次提到要擴大種植面積時，農協就會進行「苦勸」，要農民打消念頭。

「兵庫縣全境的山田錦大約有三十三萬俵（一萬九千八百公噸），但在一九九三年時遽減到只剩十七萬俵（一萬二百公噸），產量之所以銳減，其實是因為酒廠拒絕收購米的緣故。」櫻井社長說起以前曾經發生過的事。

以前日本酒銷路不錯的時候，產地是以山田錦的生產為大宗。當日本酒的需求量逐年滑落時，山田錦的需求量也減少了，不論產量或單價都下滑。據說曾經有酒廠向農民約定收購稻米，最後卻反悔了。

在農協方面，組織內部對於酒米需求的增加都抱持著懷疑的態度。更甚者，一旦某個農協同意旗下的農民增產山田錦，在農協內部便會引發各種爭端。山田錦的不足對農協的承辦人員來說不會有什麼影響，他們一點都不想多事。

契作六十萬俵（三萬六千公噸）的山田錦，是櫻井社長的終極目標。

後來，旭酒造也注意到資訊科技大廠富士通的「食農雲端服務系統」，並利用這個名為「Akisai」的秋彩系統來蒐集農田的資料，如氣象資訊、環境數據及山田錦的生長狀況等，利用這些資訊來微調酒廠的生產流程。

將這些栽培的數據供契作農戶共享，讓彼此透過科學數據來精進栽培的效率。

秋彩系統正式導入是在二〇一四年四月，從山口縣的契作農戶開始實行。秋彩系統記錄下每天的作業內容、作物的生長情況、農民的註記，系統會自動定時擷取氣溫、濕度、土壤溫度、土壤水分等資訊，秋彩系統也有照相的功能，每天在定點位置記錄作物的生長畫面。

這些資訊都會上傳到雲端系統，由工程師分析與檢討，以提升山田錦的品質與產量。

這就是所謂的農業與資訊科技的結合運用。

如果是漁業

隨著地球人口不斷增加，今天日本不可能再依靠「大自然的恩惠」來確保民眾的食物來源。

確保國民的食物，也就是要有一定的糧食安全保障作為。但是，糧食的保障光靠農業是不夠的。

日本的國土狹長，四周環海。漫畫《會長島耕作》裡是以「金槍魚」為題材。

金槍魚在生物分類上是鮪屬鯖科中的一種，俗稱鮪魚，活躍於溫暖的水域，是具有遠洋移動、洄游性的大型肉食性魚類，在世界各地都能捕撈得到。

金槍魚分為很多不同的品種，體型小至六十公分，大至三公尺長。最大型的是太平洋藍鰭金槍魚（太平洋黑鮪魚）的成魚，體長可達四・五公尺，重量可達七百公斤。

日本人常吃的金槍魚大致可分為以下五種：黑鮪魚（太平洋藍鰭金槍魚）、南方鮪（印度洋藍鰭金槍魚）、黃鰭金槍魚、短鮪、長鰭鮪。

其中最高價的當然是太平洋藍鰭金槍魚，也就是通稱的黑鮪魚，棲息地包括北半球的地中海、黑海在內的大西洋熱帶、溫帶海域，國際自然保護聯盟

（IUCN）列為瀕臨絕種的物種。

黑鮪魚的壽命為二十到三十年，五歲以上的成魚才有產卵能力。因為魚鰓不能開合，平常都是張著嘴巴在水裡游動。瞬間時速可達八十到一百五十公里。獵食範圍包括沙丁魚、飛魚、鯖魚、竹筴魚、章魚、烏賊、小卷和蝦蟹等甲殼類，只要是海裡的都可以吃，屬肉食性魚類。

二戰之前，由於冷藏技術並不發達，將鮪魚當作生魚片來食用的人不多。另外，魚體脂肪含量較高也讓魚身容易腐敗，因此並不具有什麼經濟價值，甚至還被稱作「連貓都跳過魚身的爛貨」，貓都會嫌棄。到了戰後，隨著飲食習慣的西化，攝取脂肪的比例越來越高，日本人的食物偏好也隨之改變，加上技術的進步，鮪魚的捕獲量也跟著提升。從此，鮪魚遭到濫捕，魚群數量日益減少。

南方鮪即藍鰭金槍魚，又稱印度鮪魚，分布於南半球的亞熱帶和溫帶海域。因為肉質堪比黑鮪魚，在國際自然保護聯盟的名單上也是瀕臨滅絕的物種。

短鮪是全長兩公尺左右的中型魚種，和其他鮪魚相比，短鮪的體型明顯短胖許多。魚眼較大是它的特徵，是日本流通量最多的鮪魚品種。

黃鰭金槍魚正如字面上的意思，魚體表面帶有些許黃色，在一些地區則稱為黃皮鮪魚。在日本近海捕撈到的黃鰭金槍魚，體型多半在一到一．五公尺，印度洋的黃鰭金槍魚有些體型可到三公尺。這種魚沒有壽司料理所謂的「トロ」（鮪魚肚肉）部位，由於脂肪很少，通常拿來做鮪魚罐頭。

最後的長鰭鮪是一公尺左右的小型魚種，魚體兩側又大又長的胸鰭常被戲稱為魚鬚。長鰭鮪通常用來加工，在日本的壽司店偶爾被端出來。

其他還有ヨコワ（yokowa，近畿和四國地區）、メジ（meji，日本中部和關東）等魚名，指的是黑鮪魚的若魚、未成年魚。

近年來對於鮪魚的捕撈限制越來越嚴，若放任今天這種捕撈方式，這些野生的鮪魚可能就會從海裡消失。

因此開始出現了養殖黑鮪魚。

我去了和歌山的串本町，那裡是以人工的方式成功養殖黑鮪魚、近畿大學水產研究所的所在地，從新大阪坐火車約三小時半。串本町位在本州島的最南端，向太平洋突出的陸連島——潮岬村的地理位置是北緯三十三度二十六分、東經一三五度四十六分，幾乎和東京外海的八丈島在同一個緯度。

此處的海邊都是「溺灣」（編按：又稱為谷灣，屬沉水海岸的型態）的崎嶇海岸，巨大的岩石躺在海岸上，景色相當壯觀。這裡有黑潮經過，周邊是吉野熊野國家公園和熊野枯木灘縣立自然公園，也是磯釣和海釣客的聖地。

以海為田

近畿大學的養殖事業發展是在二戰之後。

受到戰爭的影響，日本的漁業可說遭逢滅絕式的打擊，全國的漁獲量大幅銳減，更加深了日本國內的糧食危機。近畿大學的初代總長世耕弘一對此深感危機。

世耕弘一在一八九三年出生於和歌山縣新宮市的農家，在家中排行第五。年少時一邊在木材店當學徒一邊苦讀，後來考上日本大學的法學部。接著以日本大學海外研究員的身分留學柏林大學，回國後擔任日本大學教授。一九四四年接任日本大學附屬大阪專門學校校長，後來任大阪理工科大學校長。學制改革後，這兩間學校合併為近畿大學。

此外，世耕弘一曾在一九三二年代表和歌山縣參加眾議院的選舉，並擔任第二次岸信介內閣的經濟企畫長官。

世耕弘一秉持「以海為田，日本的未來就在這些水產」的理念，在一九四八年開設了白濱臨海研究所，即近畿大學水產研究所的前身。

這個研究所相當於大學的育成中心。

近大水產研究所在一九五四年開發出內海型箱網技術，並成功運用到產業上，一九六五年開發出比目魚的魚苗技術，至今成功繁殖了十八種魚苗。

所謂魚苗繁殖，是以放流或人工養殖為目的，繁衍魚蝦貝類的下一代，也就是統稱的人工繁殖。透過魚苗的人工繁殖，以前非常昂貴的真鯛、罕見的石鯛等魚種，如今都能在超市以便宜的價格買回家。

黑鮪魚也是以這個模式研發繁殖。

一九七〇年，水產廳提出了黑鮪魚的人工養殖構想，邀請日本全國的研究機關協助技術開發，並提供三年期的研究經費。

只不過三年時間一到，大家發現研發黑鮪魚的養殖技術是一條艱辛的路，大部分的研究單位都抽身走人，只剩下近畿大學。

在當時，除了知道黑鮪魚是會橫跨太平洋的洄游魚種之外，大家對於黑鮪魚的生態環境一無所知。

經由養殖的相關研究，得知黑鮪魚是非常敏感的魚種。魚鱗比鰤魚還細，用手觸摸可能會使魚身損傷，皮膚相當細嫩。

為了在人工養殖上更進一步，近畿大學從海裡捕撈了黑鮪魚的幼魚，放到內海型箱網裡飼養研究。但是，好不容易養大的幼魚卻經常在一夜之間全部死亡。

後來發現，餵食後剩餘的飼料會引發細菌分解而導致魚群缺氧而死；或受到暴風雨的影響，魚群因驚嚇而衝撞箱網致死。總之是非常嬌嫩的魚啦。

黑鮪魚成功地「完全人工養殖」，已經是從研究開始後的三十二年，二〇〇二年的六月。開始上架販售則是在兩年後，也就是二〇〇四年的事了。

近畿大學能在黑鮪魚研究上投入這麼漫長的時間，是因為他們在其他魚種的成功繁殖上獲得成功，以這些研究取得的利益來支撐黑鮪魚的研究。

若換成國立或公立研究所，恐怕無法從事這種戰略性的商業投資吧。

完全人工養殖

近畿大學水產研究所的目標是從產卵到成魚，完整的黑鮪魚人工養殖模式。

原先的養殖模式是將海中捕撈到的野生幼魚放入箱網中肥育。原本要捕撈野生鮪魚的成魚，現在卻去捕撈鮪魚的幼魚，不但多此一舉，而且更加速減少野生魚群的數量。

近畿大學想做到的是，將海裡捕獲野生的幼魚放入箱網中飼養至成魚產卵，這樣才是真正的人工養殖。

收集受精卵，以人工方式孵化，以人工飼育魚苗，然後將魚苗放入海上箱網，飼養到成魚後再度讓魚群產卵。如此一來便能維護天然資源，以人工養殖的模式建立起永續產業。

若能完全人工飼養，就算不捕撈野生的鮪魚，日本的飲食文化也得以持續下去吧。

說起人工養殖，其實執行起來並不容易。

首先，剛孵化魚苗的養殖水槽必須配合魚苗的大小，以適當孔徑的網袋將水槽裡的魚苗一群群分開。

黑鮪魚的魚苗從小開始就很會吃，為了避免爭食的過程中發生廝殺和傷亡，必須將大群的魚苗分隔成適當的小群體。最初以輪蟲來餵食魚苗，長大一點後就改餵食真鯛、石鯛的魚苗。但是，黑鮪魚是食欲旺盛的肉食性魚類，非常具有攻擊性，常可見到體性較大的啃食體型較小的幼魚。因此，必須隨著魚體的成長而更換較大的水槽。

當黑鮪魚的幼魚成長到五公分左右，為了讓牠們有更大的自由活動空間，這時要放流到海邊的海上箱網裡。剛開始飼養的時候，魚群的成長相當困難，魚群全亡是常有的事，最後的存活率只有百分之二左右。

在海上箱網裡待了三個月，幼魚會成長到體型三十公分，重量三百公克左右。當牠們長到三十公斤，就可以準備捕撈販售。

提到鮪魚，大家最有印象的應該是每年一月的魚市場新年競標吧。鮪魚的體重越重、體型越大，肉質的風味也越好，價格就越高。相形之下，近畿大學的鮪魚養到三十公斤就捕撈販售，這背後的考量是成本問題。

黑鮪魚每天要吃掉相當於自己體重百分之十六的飼料，根本就是吃貨、大胃王。因此，黑鮪魚要養到多大，必須有縝密的飼養成本與效益的概算。

在拍賣市場中，只要超過三十公斤，每公斤販售單價的差異就不大。於是，近畿大學便以三十公斤級為商品規格，同時也迴避了後面的生產風險。要養到更大也不是不行，只不過在箱網裡待的時間越長，若遇到颱風或任何突發狀況而死亡，就血本無歸了。

近大水產研究所除了販售成魚之外，也將魚苗、幼魚賣給其他的黑鮪魚養殖業者。

近大以外的黑鮪魚養殖業者有百分之八十集中在西日本地區，他們將海裡捕撈到的野生鮪魚幼魚放養在海上箱網裡，也是飼養到三十公斤以上就捕撈販售。對他們來說，魚苗要倚賴野生捕撈而來，在品質與數量上的不確定性，他們其實很清楚。

近大與豐田通商共同成立了「中間育成會社」，將三十公分級的黑鮪魚幼魚賣給其他的養殖業戶。在我去採訪時，據說已經取代了五分之一野生鮪魚幼魚。

這個事業體系的最終目標，就是以人工養殖的魚苗來徹底取代野生幼魚的捕撈。

現在這個時間點，近大水產研究所開設的「近大鮪魚」餐廳裡，菜單上的養殖鮪魚要價也只有野生鮪魚的一半而已。

完全人工養殖的黑鮪魚，赤身的部分有百分之十，大腹（大トロ）有百分之三十，中腹（トロ）有百分之六十，高單價的腹肉取得比例非常高。

有次我曾經到「近大鮪魚」享用過，美味不在話下，和野生的黑鮪魚相比有過之而無不及。

別被字面上的意思侷限了

在我和新浪剛史的對談（譯按：中文版未收錄對談內容）中曾談到，一提到「植物工廠」，很多人想到的是工業工廠裡冷冰冰的設備和原料，用那些無機的東西製作出人吃的食物，這引發了一些人的厭惡感。

提到「工廠」，腦海中浮現的是流水線的生產製程，一想到他們的食物是這樣製造出來的，心中的嫌棄感可以理解。這就是語言的力量。

然而，獺祭能夠揚名立萬，靠的不是杜氏的經驗與感覺，而是現代化的製酒「工廠」，以嚴格的程序控管每一個環節，才能以高效率的方式生產出高品質的清酒。近畿大學的黑鮪魚也一樣，現在已不再是對字面上的含義挑三揀四的時代了。

現在我們所處的世界不是兩、三百年前的人所能想像到的。其中最明顯的莫過於醫學的進步吧。

人類靠智慧驅逐了致死的病原菌和病毒，將瀕死的人從鬼門關拉回來。

在自然界裡，任何生物都有相剋的天敵，將族群的數量控制在一定的範圍內，便是物種調節的自然法則。

人類出現後，逐步排除天敵和病原菌等危害，意即人類建立了一套自己的生態鏈系統。

有些人認為，對於瀕死的人施以急救治療，如同對在跑道上降落減速的飛機強行添加燃油，使其加速再起飛。這遲早會冒犯神靈，未知的超級病原體將會在世界上掀起更大的瘟疫。

嘖，這是電影情節吧。

總之，今天已走到這裡，我們無法阻止地球人口的增長，也無法以原先的自然定律來看待人類。倘若地球無法支撐人口的增長，那麼我們也只能以智慧跨過這道門檻。

第六章

久松達央×弘兼憲史的農業未來論

——向「大規模的農業」與「小而強的農業」共存的國家邁進

讓我開竅的一本書

當大家知道《會長島耕作》要切入農業議題時，各種「可供參考」的書籍就一本本送了過來。在這當中，久松達央的《過度美化的農業觀點》帶給我相當多的啟發。

久松達央在一九七〇年出生於茨城縣，慶應義塾大學經濟系畢業後，在化纖大廠帝人株式會社從事進出口業務五年。一九九九年切換跑道進入農業，後來成立了久松農園。

久松的祖父母是農民，小時候他曾經跟著他們一起在田裡工作過，當時他從未考慮將來要從事農業。

久松農園共有七名員工，一整年當中，以近五公頃的露天農田生產約五十多個品項的蔬菜。所謂「露天」，指的是非農業設施型的室外栽培。

一般的蔬菜農戶通常都鎖定幾個品項來栽培量產，但久松農園的作法是每個行列種植一種蔬菜，依此方式進行不同蔬菜品項的輪作，久松將自家這種多品項栽培的模式稱為「巨大的家庭菜園」。

當蔬菜收成後，久松並沒有交付給農協，而是直接販售給個人消費者及四十家左右的餐飲店。

我對他書中關於「有機農業」的描述印象非常深刻。久松在此提到有機農業有三個神話：

神話一：因為有機，所以安全。

神話二：因為有機，所以美味。

神話三：因為有機，所以環境友善。

其實我自己也對這些神話堅信不移，直到看了久松的書後，我才恍然大悟。

第一點，有機農產品是安全的，這無庸置疑。不過，適當使用農藥的一般農產品也能達到同樣的安全程度。

以前許多農藥都對人體有較高的毒性，但今天使用的農藥多半是低毒性、低殘留性，在使用上也有一定的施用準則。所以，「因為有機，所以安全」在邏輯上是講不通的。

第二點，久松在書裡明白寫道，有機栽培的農產品和好吃之間不能劃上等號。

蔬菜的好吃與否有三大關鍵：栽培時間、品種、鮮度。這牽涉到季節和氣候因素，所謂「栽培時間」因素與是否為時令蔬菜有關。此外，這三個條件關係到蔬菜美味與否，佔百分之八十的決定因素。有機蔬菜就是好吃，這種說法只是三大條件都滿足後的結果論。也就是說，有機栽培就一定好吃，這種說法並不成立。

第三點，對環境問題來說，絕對不能以一個 YES 來帶過，必須個別探究，「Case By Case」。

由於堅持有機農業，在有些情況下排出的二氧化碳比使用農藥時還多。環保問題牽涉到許多不同的因素，各種變因之間交錯複雜，因此不能說有機農業對環境就是好的，久松一直強調這點。

久松從事農業的起心動念，和他在上班族時期就喜歡戶外活動、關心農業能否營生自足有關，加上他從學生時代開始就很關注環保與農業的議題。可以說，他是會為了有機農業而辭掉工作的人，他就是這種人。我覺得久松是一位純粹喜愛有機農業而不抱其他意圖、非常正直的人，因此一直想找個機會與他見面。

久松從慶應義塾大學畢業後，曾經待過上市上櫃企業，如今他經營農業法人，會讓我們見識到日本農業的哪些面向呢？

在這本書最後以我和農業界名人久松達央的對談來結尾吧。

在訪談之前，我收到久松農園寄來的紙箱，裡面裝的是久松種的蔬菜。果真和超市裡買到的不一樣，清脆又甘甜，真的是很棒的蔬菜呢。

把農民當成弱勢並從中得利的人

弘兼　我認為，應該由企業來投產農業，以資本投資來獲得大面積的土地和新式技術，並在各個專業領域的研發工作上投注資源。這是農業邁入現代化，讓農業具有全球競爭力的必經之路。

另一方面，日本鄉下有許多小工廠，他們的技術能力連大企業都要禮讓三分。這些小工廠的製造能力真的很強悍，農業是不是也能做到呢？無奈日本的農業似乎兩邊都不是啊。

久松 你說的沒錯，攤開數據來看，不管是誰都會這麼想。只是農業有它的特殊性，大家都因為忌憚而不敢公開某些事情。至少在十五年前當我進入農業之前是這麼想的。

我認為有幾個原因，其中一個是有人把農民當成產業中的弱勢，並從中獲得利益。

弘兼 農水省、農協，尤其是ＪＡ全中，都認為日本的農業是弱勢，政府不得不制定政策來補貼農業。

久松 沒錯，連農民也堅信他們是必須得到幫助。總之，從事農業絕對賺不到錢，大家都這麼想。他們在社會上被當成「細漢仔」，而且他們也習慣如此。

弘兼 尤其是繼承家中農務的人，他們更是這麼想吧。

久松　「換個方向或作法，會不會讓農業更有前景呢？」他們似乎沒想過這個問題。

弘兼　也緊緊死抱著政府的補助款不放吧。

久松　如果在農業以外，這種人大概會被當成「敗類」吧。其實他們只是非常平凡的老百姓。

領取補助金是合理的

久松　即使農民有了一定面積的水田，但對經營面深思之後，與其費盡心思搞自己的事業，不如領取補助金來得輕鬆。這裡存在著「經營的合理性」，也就是「經濟規模」的問題。有些農民能夠活得很好，但在深入盤算之後，他寧可躺在那裡靠領補助金過活。

弘兼　配合農協的減反政策，將水田轉作以領取補助款，這比自己跑業務、攬生意還要輕鬆。結果卻阻礙了農民的進步。

久松　沒有刻意盤算經營上的合理性，只是因為無法達到經濟規模，而需仰賴補助款來營生的小面積農戶，大有人在。不管怎麼樣，只要今天的補助款制度、米價平穩政策仍繼續執行，就算虧本經營都還能活下去，就某種程度來說，這具有經濟的合理性。因此，至今他們就這樣一路殘喘苟活。

弘兼　曾有段時間，我也認為國家出面來平穩米價是必要的手段。但在這之後仍持續發放補助款，就是失敗的政策了。

久松　用簡單一點的例子來比喻，二戰後的農業條件和今天相比，農業的生產效率成長了十倍以上，這是因為機械化、產業鏈完整化的緣故。比較之下，以前要十個人才有的產量，現在只要一個人就能達成。從稻米產業來看，即使是擁有一定面積的專業農民，每年的農務勞動時數也只有一千小時左右，連一般上班族一半的時數都不到。

弘兼　一半？我以為農民的工作都很粗重，這個數字真讓我意外啊。

久松 同樣是生產東西，農產品和工業產品不同之處在於，農產品自己會生長，而工業產品只要人不在或機台停止運轉，生產就停滯了。農作物只要前端工作做好，它們自己就會生長。

這裡說的「前端工作」現在都已機械化了，儘管如此，政府還是制定了農家所得提升政策，後來導致農民把農地緊緊抓在手上。於是，從事小面積耕作、主要收入靠其他行業的兼職農家也就越來越多了。

在鄉下，很多人平日在工廠裡，以確保有工作和收入，到了週末和假日才為了領補助款而下田工作，這類型的人非常地多！說穿了，這種人根本是「土財主」。

弘兼 意思是除了領薪水之外，還有額外的農業收入吧。

久松 這些人簡直是「有錢人」，相較之下，我們這種白手起家，靠農業收入過活的人根本是「貧戶」。

因為《農地法》的保障，絕大多數的農戶在固定資產稅、遺產稅、贈與稅等方面都享有很大的優惠。特別是遺產稅，幾乎不用課徵，可以無痛地從父母手上繼承農地。這也讓農戶的生活開銷比都市低很多。在這種安逸舒適又不用承擔風險的環境下，農戶根本不想前進，是理所當然的事。這些走老路的農戶終究還是順應經濟的合理性，而採取對自己有利的行動。

「農地改革」要有宏觀的視野

剛跨入農業的時候，久松曾去拜訪當地的主管機關。但對這位沒有農業經驗的人，等著他的卻是一大票繁文縟節。

要成為農民，首先要有土地。

依據《農地法》第三條的規定，耕作用的農地無論是買賣或租借，都必須取得當地的農業委員會和都道府縣知事的蓋章許可。在許可核發下來之前，農地所有權的轉移、租借權的設定全都不具法律效力。

因此，買方需先經過一長串的公文旅行。

根據農水省出版的刊物記載：「農業委員會的許可與否，將以農地的管理方（男性、女性、農業法人皆可）能否有效利用農地、管理方的農業經營狀態、經營面積等條件作為審查的依據。」

也就是說，久松拿不出「農業經營狀態」，也沒有「經營面積」的成效，沒有農業經驗的新人就無法取得農地。後來久松透過祖父母的關係，在茨城縣土浦市租到了農地，可說是以「偷渡」的方式闖進農業界。

弘兼　日本在戰後推動農地解放，將既有的農地細分，因此誕生了許多小規模農戶。當時的情況是一種「農地解放」，這個說法一點也不為過。說難聽一點，今天很多人手上的土地正是當年以幾乎不花錢的方式取得，這導致日本無法進入「大規模農業」的生產型態。

久松　以前有大地主和農工之分，當時確實產生了一定的貧富差距。將土地分割並授予農工這件事，並未認真思考農業的經濟規模，後來產生了許多玩票性質的農戶，這是不爭的事實。以前菲律賓是一個農地解放失敗的國家，戰後也無法消除貧富差距，但當年的「問題」卻變成後來的「發展優勢」，菲律賓的農業就這樣直接進入大規模化和產業化。拉開歷史的時間軸，當年農地解放到底對不對，沒有明確的答案。

弘兼　大家都說「日本很小」，但是荷蘭的農地面積只有日本的二十四分之一，不僅如此，荷蘭的農產品外銷總額居世界第二位。反觀日本，排名卻在第五十五名。日本絕不是一個農業不發達的國家吧，但大家似乎不覺得這個排名代表了什麼問題。

久松　農業的從業人員並非不把農業當一回事，但和其他產業的人才相比，農業的經營者並沒有特別策略性地思考外銷的事情。漁業也很糟糕。這是因為國內的市場這麼大，即使不特別思考，也能經營得不錯，這是現實的情況。若換成其他產業，早就面臨不得不面對的時機點了。

人若到了快沒飯吃的時候才會願意行動，荷蘭當年也是如此，在那個轉捩點來臨之前，荷蘭農業的作法也和歐洲其他國家一樣。後來荷蘭終於意識到，土地狹小的國家發展放牧型的畜產是沒有前景的。荷蘭比日本早四十年發現這個問題。

在日本，各都道府縣都有「農業改良推廣中心」的組織，負責農民的輔導作業。荷蘭也有同性質的組織，但兩者卻有很大的不同。荷蘭的組織在一九七〇年代就民營化了，在裡面工作的人都是來自瓦罕寧恩大學（Wageningen UR）的專業人士。

弘兼　就是所謂的「農業顧問」吧。

久松　一旦民營化，就必須擔負相對的責任。日本至今還做不到這一點，為什麼呢？說穿了，就是認為沒那個必要嘛。

今天我倆談的內容，在我們高中或大學時期，GATT 烏拉圭回合的最終談判階段，大家討論著如何因應稻米的市場開放時，就曾拿出來討論。轉眼過了三十年，農業界卻絲毫沒有進步。

「必須保護農業」這種沒有邏輯依據的騙人鬼話，已經不能再相信了。日本的企業只要投入就會有營收，政府也會有稅收。因此，今天不能再像以前那樣，政府發放補助款時才願意投入農業。

產業空洞化的日本，如何吸引人才到農業界？

弘兼　日本以工業國發展至今，因為人事成本高漲，許多工廠都轉移到國外，並聘用當地人為勞工。如此一來，國內的工作機會減少了，勞動人力卻還是這麼多，這就是所謂的產業空洞化。我曾經思考，這些人可以被農業聘用嗎？也就是修正《農地法》，成立大規模型農業的生產法人，將農業從業人員當成一般的受薪階級。久松身處第一線，怎麼看這件事？

久松　這肯定行得通。不過，你也知道，像荷蘭式的植物工廠並不需要我們所認為的那種熟練操作員，除了一部分白領階層的管理人員之外，大都是能力非常普通的勞工。不論在教育制度或是社會風氣上，荷蘭和日本都不一樣，日本是按年資來論功排序，年資越老薪資就越高，我不認為日本能像荷蘭那樣以白領階級的薪資水準來支付他們薪水。

弘兼　確實如此。我在荷蘭植物工廠內看到，人力的部分都用於裝箱，也就是將產品打包出貨的部門，而且工人都是來自東歐保加利亞、波蘭等國妝化的比較濃的姐姐們。（笑）

久松　在日本的鄉下地方，年收入達到二百五十萬到三百萬日圓就不會餓著，將此做為就業政策的一環也行得通。只是，日本產業逐漸空洞化，不太可能全靠農業來吸納多餘的勞動力吧。

弘兼　而且這種工作不管做幾年，都很難累積資歷。

久松　這樣一來，從事農業的人既無法成為熟練老手，也無法成為一名經營者。就好比在荷蘭植物工廠，照顧番茄的人要成為所謂的管理階層，總覺得這兩個階層之間存在著隔閡。不過，在工廠工作就是這麼一回事，在現場勞動工作的人，幾乎不是當社長的料。

弘兼　若這麼思考，也許是因為對現在的工作很滿意吧。然而，日本的鄉下真的很弱勢，連提供工作的地方都沒有，農業或許是一個新的選擇。

久松　你說的對，就像在鄉下地方，從事製造業的工廠提供了不少就業機會，營利的農業法人的人數若能增加，一定可以創造就業的機會。

從番茄的品種看農業

弘兼　如果大規模類型的農業法人出現了，農業的型態就會跟著改變。

久松　以番茄為例。在日本，家庭菜園和專業農民種的都是同一個品種，但荷蘭的農業法人用的是專為自己農場打造的客製化品種，他們也會與種苗商簽訂獨佔契約，禁止種苗商將這些客製化的品種外流。這是購買大量種子的公司才有辦法這麼做。透過資金投入來提升技術能力，挑選收穫良率較高的品種，日本也有這樣的技術能力，但缺乏有規模的農業法人，沒有表現的舞台。

弘兼 說到這裡，近年許多食品大廠、連鎖居酒屋都投資農業，除此之外，汽車大廠也開始投入農業的生產，這或許是一個好的開始。

久松 對汽車大廠來說，農業是國際貿易談判的拖油瓶。說穿了，每次談判時，政府都以「守護日本的農業」為理由，要求汽車產業做出讓步。「一面被你們放生，一面又被拿來當擋箭牌，不如自己動手提振農業。」或許他們是這麼想吧。

據我所知，TOYOTA 前總裁張富士夫到一個生產幼菜芽（Baby Leaf）的農場參觀後，提議他們用 TOYOTA 的管理方式來改善農場的管理，後來獲得明顯的成功。TOYOTA 透過自願者合作計畫來建立資料庫，透過這些資料，搭配原本的工廠產線技術，要跨入農業生產是很簡單的一件事。

弘兼 他們還有農民所沒有的人才和技術。

久松 對企業來說，多角化經營以及跨足自己陌生、完全不相關的領域，是家常便飯的事，因此進入農業領域並沒有什麼特別的。不過，對農業相關的人員來說，農業是「很特殊的領域」，他們捍衛這個特殊性。「農業有其特殊性，其他產業的人在此是成不了氣候的。」這些人總是把這些話掛在嘴邊。

只有農村會排外嗎？

弘兼　一般人對農業界的印象是封閉和排他。在農村裡，新來的農民姿態必須放得很低，在路上遇到其他人，要特地停下車來打招呼。若不這樣做，就會有人在背後說三道四：「那個新來的很沒禮貌。」

久松　或許因為我是在祖父住的地方開始務農，所以不會有這種閒話。鄉下的生活有點悶，這不用多說。一般來說，大家彼此都知道。雖然我住的區域有許多人出入，不可能認識每一個人，不過據說有些地方的居民看到不認識的人走在路上，都會問那個人是誰。

弘兼　有些都市人厭倦了瑣屑的人際關係，想搬到鄉下清淨一下，但事實上正好相反。

久松　沒錯，住在城市集合式住宅時，你可能連隔壁住誰都不知道，走在路上也很難遇到認識的人。在都市裡，人們可以匿名，有較多的隱私，但在鄉下就不是這樣。人際關係黏稠又甩不掉，出門遇到的大都是熟面孔。與都市相比，住鄉下可能會更囉嗦吧。

話雖如此，農村因其封閉性，對於外來的宵小特別容易察覺，有一定的保全機制。

弘兼　一旦出現陌生面孔，大家馬上就會發現吧。

久松　我想也是。話說回來，封閉又排他的只有農村嗎？我認為，那些所謂日本式的企業經營模式，採用終身雇用制、年資排序的公司組織，自成一格的社會結構，對外部而言也是具有排他性的封閉小圈圈。說到底，就是「程度上的差異」吧。農村的人封閉又排他，或許對他們而言，這反而是向心力的表徵呢。

弘兼 他們大概會說「你們懂個什麼東西」吧。（笑）

久松 這是一定的吧。（笑）我也是新加入的，從什麼都不懂開始做起，所謂開始務農，大概是這麼一回事吧。大家都是從初學者開始，沒有人能一步登天。

我們都知道土壤的性質很難精確掌握，不過也有不使用土壤的種植技術啊。農作物的適溫是什麼範圍，養分要在什麼時機添加，透過生物學的研究都能夠了解這些，我們要做的只是重現它而已。或者，透過現今科技來取代原本的技術，以色列在這方面的技術很發達。

弘兼 和日本相比，以色列正因為天然條件不好，所以才會在技術的利用上特別發達。

久松 以色列的滴灌技術非常厲害，若把那套技術引進日本，就會推翻一些以往堅信不移的觀念。在今天，日本農業圈內的人可緊張了，畢竟日本的農業三十年如一日，是很無奈的事。能夠獲得那套技術是最好的，否則日本的天然條件豐富，卻沒有像樣一點的技術能力，根本不像話。

農業的社經地位

弘兼 在我找工作的那個年代，農業的社會經濟地位非常低。大學畢業後從事農業工作的，只有老家是務農的人才會這麼做。就算家裡是務農的，也有很多人選擇不繼承家業，去當一般的上班族。說穿了，就是把農業遺棄了。雖然今天的狀況略有改善，但問題是，到底有沒有辦法為農業找到新的人才？

久松 只有讓農業能夠賺到錢才行。

弘兼 就是要有高獲利率，這相當重要。如果能做到像在大公司上班那種收入程度，今天的情況就會不一樣了吧。

久松 我也這麼想，不過當我提到從其他行業轉行到農業，很多人就認為這是出於「厭倦了都市的喧囂，嚮往田園生活的充實」的一種浪漫。

弘兼　這像是《從北國而來》的情節啊，田中邦衛主演的五郎，就是從東京搬到北海道的富良野。

久松　就是這樣啊。（笑）看起來是一件非常浪漫的事，但在現實情況中只會把自己餓死而已。

弘兼　當你轉行去務農時，已經結婚了吧，我知道你說服了太太，但你的父母沒有反對嗎？

久松　我決定務農是在二十七歲的時候，父母出生的年代比戰後嬰兒潮稍早，父親今年七十四歲，母親六十八歲，都曾歷經務農賺不到錢的貧困年代，因此他倆非常反對我從事農業。

弘兼　令堂的年紀幾乎跟我差不多哩。

久松　或許可以這麼說，他倆當年都是好不容易逃離農村到城市裡，完全不能理解為什麼我要回去。

弘兼　「都念到大學了，為什麼想做這種工作？還有更應該做的工作吧。」他們這樣說。（笑）

久松　正如你說的，他們就是這樣念我。（笑）

弘兼　其實我從松下電器辭職去當漫畫家時也被說過同樣的話，「你都念到大學了，為什麼還想去畫漫畫？」現在很多漫畫家都是大學畢業，我那個年代讀過大學的知名漫畫家，好像只有手塚治虫先生。

久松　聽說現在有許多學生希望進入出版社，擔任漫畫編輯呢。我也希望這類的例子能讓農業有些改變，讓那些充滿個性的玩家盡情發揮，讓農業不再只是土壤與汗水，而是具有多元樣態的農業。

弘兼　至今農業沒有什麼比較大的成功，但也沒什麼失敗，給人的印象就是這樣。

久松　那些農家的繼承者就是這樣。也有像我這種看起來怪怪的，無論如何都想種田的人。但是，新農諮詢中心對十年以內的新進農人做了問卷調查，其中居然有七成多的人農業收入無法負擔生活開銷。這些人當中，更有六成的人不知道怎麼做才能增加收入。這些數字到底是高還是低，每個人有不同的解讀。

弘兼　若是新創企業，百分之九十會在三年內打包回家，如果和這比較，那還算是好的。

久松　正是如此。我觀察周遭的人，覺得有百分之五十的新進農人不會在一年內萌生退意。還有，這些進入農業的人大概是少了business sense，也就是沒有做生意的腦袋。留下來的比例還是有百分之五十，我想這是因為和其他行業相比，要跨入農業很不容易，能夠成為專業農民的比例本來就不高吧。

弘兼　也就是說，在入口處就篩選掉吧。

久松　篩選機制是否能讓優秀的人留下來？我也說不上來。我希望能撤掉這道篩選，和其他行業一樣，讓更多人進來農業界競爭。有人成功，有很多人失敗，這是非常健康的事吧。

弘兼　在漫畫家的世界裡，每年獲得新人獎的就有一、兩百人之多。但過了三年，能靠畫漫畫維生的只剩下兩、三人。若以獲獎當做原點的話，這個比例確實非常低。二、三十年後，這兩、三個人會逐漸消失，過了四十年還在的，就只有像我這種超級幸運的傢伙吧。（笑）如果和漫畫行業相比，農業的存活率相當不錯了。

久松 而且是在戶外從事勞動，對健康很有幫助呢。（笑）

「小而強的農業」的未來

農水省的「青年就農給付金制度」從二〇一二年開始實施。分為「準備型」和「經營開始型」兩種，「準備型」有以下兩項條件：

一、申請人的年齡不得超過四十五歲，而且是有積極與強烈動機從事農業經營者。

二、申請人以獨立自主營運或成為受僱的農工者為目標。

申請人若以依附親人來從事農業為目標，就必須在實習完畢後五年內辦理繼承，或是成為農業法人的共同經營者。

條件符合的人可在各都道府縣的大學、先進農家、先進農業法人等地方申請實習，實習者可申請每年一百五十萬日圓的輔導補助款，時間以兩年為限。

另一個「經營開始型」並不是在學校等單位實習，而是已經開始從事農業經營的人，簡單來說就是已經實際在種植的農民，每年也可申請一百五十萬日圓的輔導補助，時間以五年為限。

弘兼　農水省為了促進新進農民的成長人數，開始實施這樣的青年就農給付金制度。你對這個輔導補助辦法有何看法？

久松　若用一句話帶過，就是剛剛我提到的：讓農業的篩選變得較為寬鬆。但我有點質疑這項政策的效果，如果我的農場裡來了一位新人，即使他完全沒有農業的經驗或概念，但還是要給他一百五十萬日圓的補助。這樣的做法對挖掘優秀的人才來說真的有幫助嗎？

弘兼　我也有同感，就像我常說的，人若不自我獨立是不行的。如果連自己都站不起來，旁人再怎樣協助也沒用。不論農業或其他任何事情都一樣。像你剛剛說的，投入新的事業失敗了，是常有的事。在漫畫這個行業也一樣。

政府發放補助款給投入農業的新人，這件事本來就很奇怪。這會讓他們依賴補助款，不但無法協助他們自立，反而製造了一堆扶不起的阿斗。既然要做，不如讓企業進場，成立農業法人，由這些機構聘雇這些希望從事農業的人，這比較合情合理。

如此一來，除了大型的農業法人之外，就是像久松農園這種小本經營的小型農業法人，你就是「小而強力的農業」的代表人物吧。

久松　若要追求更大的規模，就必須有勝過大企業的把握才行。如果沒有把握勝出，就千萬別輕易嘗試。我說的「小而強力的農業」，即使是小規模、小資本，也要好好地與願意支持你的顧客建立聯繫。又小又弱是最糟糕的。就算小，也必須好好地存活下去，現在有許多新農人已感受到我們這種小規模農業的魅力，這是那些大型的組織做不到的。

另一方面，我們想做的或許也是日本許多農民想做的，但能做到的卻沒幾個人。也就是讓產品徹底大眾化、平價化。若要做到，就必須透過擁有大面積的土地、以及能生產便宜且眾多農產品的農民之協助，讓投入企業級的資本與戰略規劃的農業得以成功推行。

日本農業的問題是缺乏多樣性，農民做的事情幾乎一樣，顯得單一而無個性。如果企業真的能進場投資，就會讓農業產生多樣的性格。像我這種小而強的農業型態，對大企業來說是一個很麻煩且沒必要投入的方向，因此我只能讓自己更專業。不過，往往是這種人，才能成功地建立起經營的版圖。所以，創造截然不同、多樣化的農業環境是必要的。

弘兼　我認為日本農業的強項是在高品質方面。

例如網紋瓜（Melon），夏威夷和普吉島都有網紋瓜，但沒有日本網紋瓜這麼多汁。像日本這樣在百貨公司陳列網紋瓜的國家，全世界找不到第二個。草莓也是，姑且不論中國偷了我們多少品種和技術。能夠生產出這種高品質的水果和蔬菜，我們應該好好發揮這個優勢。

我曾經採訪荷蘭蘭花的植物工廠，但與日本的蝴蝶蘭相比，其廠區的蘭花顯得雜亂，花形也不佳。或許荷蘭也有和日本一樣等級的蘭花，但至少在我到過的工廠，蘭花生產的級數並不高。

久松　這可能和市場要求的蘭花品質有關。對市場要的那種商品化的產品規格來說，日本的產品或許規格過高。荷蘭沒有發展生產高品質蝴蝶蘭的技術，或許他們不想做這一塊，我們無法在各個層面與荷蘭相抗衡，那麼就必須思考如何在高品質的市場上做突破，成為「小而強力的農業」。

為什麼要發展「小而強的農業」？

弘兼　久松，你怎麼找到這個「小而強力的農業」？

久松　記得剛開始種菜的時候，我拜託親朋好友買我的菜吃看看。當網際網路出現時，我開始發送電子報。當時我堅信「有機農業可以拯救世界」，後來發現這根本是頭殼壞掉。（笑）那時我開始有了「東西若是符合需求，顧客也一定會買單吧」這個想法，後來慢慢地建立起名聲，靠著客人介紹，把生意做起來。

弘兼　堅信著什麼的人是最厲害的。（笑）

久松　就跟拉保險一樣，最重要的是攬客，然後一個介紹一個，建立起自己的客戶群。當我做了媒體廣告後，開始接觸一些沒見過也不認識的客人，就這樣過了六、七年。熟人、熟人的熟人、沒那麼熟的，就佔了八成。

弘兼　曾經買過東西的客人還會回來持續消費嗎？

久松　一開始是用一年期的契約制，續約率有九成左右，剩下的一成每年都有變動。後來調整了價格，並加強售後服務，理想的目標是百分之九十五的續約率。

弘兼　久松農園的客戶都是什麼樣的人？單價都比普通的超市高，不是嗎？

久松　如果和超市的特價商品相比，有的價格可能翻了一倍。不過，顧客沒多說什麼。我認為會來購買蔬菜的客戶本來就收入不低，我覺得他們不會刻意追求高級食材，而是厭倦了一般蔬菜，想吃點與別人不一樣的東西。

不管是魚還是肉，保鮮都很重要

弘兼　近幾年消費者對於「生產者是誰」很敏感。即使在超市裡，產品架上仍會擺著生產者的照片。讀過你的書之後，知道你是怎樣的人，也比較會想買你的菜吧？

久松　這算是支持的意思吧。其實不只是蔬菜，許多大量生產的物品，我們都很難看到它們背後的人吧。我們農園的蔬菜非常有個性，就跟主人一樣。（笑）

弘兼　你在臉書這類的社群平台上，以生產者的角度傳遞了各式各樣的訊息，消費者也能藉此了解你的處世哲學、心路歷程，還有各種料理的方法。消費者畢竟需親自品嚐，總希望了解生產者的堅持與理念。這表示你們之間非常契合，我聽說除了個體戶的客戶外，也有餐廳向你下訂單呢。

久松　在二〇一一年三月十一日的東日本大地震之前，我的客戶裡有九成是個體戶。後來也許是因為對核子汙染的疑慮，我一下子失去了三成個體客戶。後來開始經營餐飲業這一塊，現在個體戶和餐飲業的比例是六比四，我們的菜也供應給四十多家餐廳。

弘兼　注重蔬菜美味的店家應該也不少吧。

久松　而且都是規模較小的店。我想，他們也須拿出與大型餐飲業者不一樣的菜色吧。

蔬菜和魚、肉不一樣，鮮度非常重要。有些業者能做到顧客下單後隨即在當天拿到東西，是因為冷藏庫裡都有菜的緣故吧。這樣顧客一定拿不到好東西的。

弘兼　冷藏儲放的蔬菜，風味和營養價值就會下降了。

久松　沒錯，有店家曾經跟我說，農民努力照料、前一天採收的芝麻菜，都沒有素人隨便種、當天現採的來得好吃。芝麻菜和羅勒最明顯。

我在收到訂單後就立刻採收和運送，雖然很費工，但這是最好吃的時候。「這蔬菜真的很好吃。」當客人向店家這麼說的時候，店家就能夠這樣回答：「這是久松農園送來的菜，我去過好幾次。這些菜是在我購買後現採的。」於是，雙方就有了交流。

弘兼　當店家將這些細節講出來的時候，不僅傳達出他們講究食材的心意，想必客人也會很高興吧。

久松　注重客人反應的店家，和我們的農園一定很合得來呢。

弘兼　像連鎖餐飲業者的許多分店，就做不到這一點，而且各分店的菜色也必須統一出菜。

久松　連鎖餐飲都是採中央廚房的模式，料理多半先在工廠內完成，如此才能大量而穩定地供貨。這對我們來說就不適合。

弘兼　為了穩定供貨，一定是適合當季的蔬菜。若我是餐廳的老闆，我請你把今天採收的菜送過來，也能夠利用這些菜來製作料理，從送過來的蔬菜種類來思考料理方式，相信這過程也是一種樂趣吧。

久松　自然而然會變成那樣子呢。如果今天是和農協交易的話，「波菜請送一百把過來。」大概會這麼說吧。我們不但拿不出那種數量，也無法向消費者傳達我們對蔬菜所抱持的堅持與理念。

農業的改革需要有「綜合能力」

弘兼　跟你聊了這麼久，這還是第一次從你口中說出「農協」這兩個字啊。（笑）你是怎麼看待農協的角色定位？

久松　我不是非要擊倒農協不可啦。只不過，農協是國家政策的一環，肩負興盛農業的責任，不是享有法人稅等各種優惠措施嗎？儘管肩負著社會責任，但它的事業體包括銀行、保險、加油站、超市，甚至殯葬業，卻還給它優惠待遇，這很奇怪吧。如果農協能夠以一個流通業的業者自立經營的話，我就沒有意見。而且，其他人也都相當努力。

弘兼　有人說，農協為了發給職員薪水而犧牲了農民的利益。

久松　毫無疑問，這是很奇怪的事。JA全中到今天都還有很大的影響力吧？

弘兼　以前農協是自民黨的票倉，被保護得很好，但今天局勢不同了，農協已不再是選票的保證。

久松　農協原本是農業從業人員的組織，也有準會員的制度，即使不是農業界的人也很容易加入。現在不但準會員成了多數，連正會員的兼職農民也佔了大半。農協已經無法代表農業這個產業的意見，農協事業體還享有各項優惠的正當性應該被質疑。

弘兼　你從事農業以來就不曾透過農協，賣菜能有今天的成就都是靠自己的努力。若要和餐廳建立起信賴關係，「綜合能力」是不可缺少的個人特質。對於開始在農業界起步的人來說，也能做到這樣嗎？

久松　我認為一定沒問題。說到做生意，很多生產者都是職人性格。以誇張一點的例子來說，他們會花上一整天來研究番茄該怎麼種才好吃。然而，只要撥出兩成的時間來做生意，經營狀況就會比其他人好很多。

弘兼　但是，每個人的資質並不一樣。你會透過網際網路，將自己的想法表達出來。

久松　不過我不太有實踐能力，在久松農園的現場都是女職員在打理，她們不讓我靠近農場。（苦笑）

弘兼　各有各的舞台吧。

久松　你說的沒錯。像我就是建立事業的「創業者人格」，剛投入農業的時候正需要這種類型。然而，光靠創業者是無法建立起團隊，這時就需要不同類型的人進場。像是有管理能力的人才、擅長會計的人才等，如果有，是再好不過了。今天的農業很多是家族經營的型態，夫妻兩人要處理生產、管理、販售，什麼都做根本就是胡來。從某方面來看，聘用業外人士的法人若能增加的話，這些不同類型的人一定能為農業帶來新的樣貌。

弘兼　對於正在考慮從事農業的人來說，未來農業的魅力到底是什麼？

久松　農業是一種創造行為，把東西生產出來是一件很有趣的事。由於人類無法行光合作用，所謂生產，真正能做的就是為農作物營造一個好的環境。無法主動生成，以間接的方式生產，就是一件很有趣的事。

弘兼　一部分要靠天吃飯啊。

久松　正是如此。「靠天吃飯」，這樣形容也很貼切，一部分靠天吃飯，另一部分就跟人有關了，看的是能力。正因為無法掌控很多情況，所以才能感受到露天栽培的樂趣，我是這麼認為。

弘兼 有一種賭博的快感呢。

久松 有這種感覺啦。（笑）畢竟農作物的收穫量是會變動的，時好時壞。在很多人不看好的地方，往往藏有許多機會。另外，很多人都認為務農賺不到錢，這也是需要克服的一大挑戰。

很多人問我，為什麼大學畢業了，也進了大企業裡上班，卻還要從事農業？但我認為，對我們這樣的人來說，農業正是值得挑戰的場域。

附註

久松達央，生於一九七〇年。一九九四年慶應義塾大學經濟系畢業後進入帝人株式會社（Teijin），負責工業纖維的出口業務。一九九八年離職後，經過一年的農業實習，在一九九九年創立「久松農園」。全年可供應五十個品項以上的季節有機蔬菜，供應會員和在東京都的餐廳。著有《過度美化的農業觀點》（新潮社）、《打造一個小而強力的農業》（晶文社）。

結語

「知識的學習是人類最大的武器，日本人尤其善用這項武器。」這是我在巴西採訪時聽到的話。

巴西境內有來自世界各國的移民，在這當中，日本人開墾的區域和其他國家的移民有明顯的不同。

砍伐整地之後，興建居住用的房舍，在焚燒過後的土地上開墾農地。到這個階段，各國的移民都一樣。等到生活穩定下來，衣食無虞，巴西人或歐洲移民便著手興建教會，日本人則是蓋學校。對日本人來說，教育是一種「信仰」。

但今天，這個教育的根基也面臨了挑戰。

在荷蘭考察時，我拜訪瓦罕寧恩大學。當我在學校餐廳吃飯時，我觀察到這裡的學生來自世界各地，各式各樣的人都有。

因為歷史和地理位置的因素，這裡有許多來自非洲國家的學生，近年因歐盟的擴展，東歐的留學生也明顯增加許多。

我留意那些亞洲面孔的學生，耳邊聽到的是清晰的中國話，中國的留學生不在少數。再仔細觀察，還有幾位講韓語的韓國留學生，但沒遇到日本人。

聽說現在日本的年輕人出國的意願不高，在我那個年代，大家都想出國，但沒有辦法。相較之下，又會有人說現在的年輕人沒骨氣。

但我不會這麼想。

「現在的年輕人啊……」這種老人家感嘆之語並非現在才有。近二、三十年來，日本人的氣質沒有多大改變。據我所知，有許多年輕人果決地飛到海外去打拚。

今天日本的經濟狀況不太好，不能再依靠父母，當個啃老族。正因為如此，很多人也不得不大膽往異鄉前進。

或許其中有些人對農業感興趣，只是不知從何開始。如果能有間像瓦罕寧恩那樣的大學，結集全世界農業智慧的學習場所，問那些年輕人有沒有興趣來這裡學習，一定有不少人眼睛為之一亮吧。

現在最大的問題是，農業和一般老百姓的距離太遙遠。住在東京或大阪的人接觸土壤的機會就很少。一般人的印象是，農業是一群特殊的人在做的粗活，一般人不會想幹這行。

農業的本質是創造，從栽培作物到收成的過程是一種樂趣。以前我曾在市民農園租一塊地，在嘗試的過程中，我發現有同樣嗜好的人還不少。

首先，農業的入口要更寬一點。例如，強制規定每所大學必須設立農學院之類的系所。可惜我的母校早稻田大學沒有農學院。早稻田的中間有個「稻」字，如果有農學院的話，應該會和校名更加匹配吧。

在農學院的課程中，現場的實務操作只是極小的一部分。農業的經營、法律、團隊分工、市場行銷、企劃、宣傳、資訊科技的技術、最先進的農業科技等，諸如此類提高經營管理和輔導諮詢能力的教育是必要的。

農學院的學生畢業後，進入農協這樣的組織，或成為農業法人的生產顧問。當然，其中一定有人從事第一線的生產作業。

這類型的人將會具有國際競爭力，也可能種出只有日本才能做到的，高品質、高附加價值的蔬菜和水果。一旦這樣的產業成長後，便可製造更多就業機會，為日本的經濟注入活水。

總而言之，當農業相關產業的參與者增加了，匯集各路英雄豪傑，日本的農業就會更光彩奪目。

國家圖書館出版品預行編目(CIP)資料

島耕作農業論 / 弘兼憲史著 ; 一級嘴砲技術士譯. -- 初版. -- 新北市 : 左岸文化出版 : 遠足文化發行, 2019.02
面 ; 公分 . -- (歷史.跨域 ; 7)
譯自 : 島耕作の農業論
ISBN 978-986-5727-86-4(平裝)
1.農業 2.日本

430 108001061

遠足文化 讀者回函

歷史・跨域 07
島耕作農業論
島耕作の農業論

作者・弘兼憲史｜譯者・一級嘴砲技術士｜審訂・黃天祥｜責任編輯・龍傑娣｜封面設計・林宜賢｜出版・左岸文化・第二編輯部｜社長・郭重興｜總編輯・龍傑娣｜發行人兼出版總監・曾大福｜發行・遠足文化事業股份有限公司｜電話・02-22181417｜傳真・02-86672166｜客服專線・0800-221-029｜E-Mail・service@bookrep.com.tw｜官方網站・http://www.bookrep.com.tw｜法律顧問・華洋國際專利商標事務所・蘇文生律師｜印刷・中原造像股份有限公司｜排版・菩薩蠻數位文化有限公司｜初版・2019 年 2 月｜初版三刷・2020 年 10 月｜定價・280 元｜ISBN・978-986-5727-86-4